지구가
평평했을 때

우리가
잘못 알고 있는
과학의 모든 것

그레이엄 도널드 지음, 한혁섭 옮김

지구가 평평했을 때

When The Earth Was Flat by Graeme Donald

First published in Great Britain in 2012 by
Michael O'Mara Books Limited
9 Lion Yard
Tremadoc Road
London SW4 7NQ
Copyright © Michael O'Mara Books Limited 2012
All rights reserved

Korean translation copyright © Youngjin.Com Inc. 2019

ISBN 978-89-314-5970-8

독자님의 의견을 받습니다.
이 책을 구입한 독자님은 영진닷컴의 가장 중요한 비평가이자 조언가입니다. 저희 책의 장점과 문제점이 무엇인지, 어떤 책이 출판 되기를 바라는지, 책을 더욱 알차게 꾸밀 수 있는 아이디어가 있으면 팩스나 이메일, 또는 우편으로 연락주시기 바랍니다. 의견을 주실 때에는 책 제목 및 독자님의 성함과 연락처(전화번호나 이메일)를 꼭 남겨 주시기 바랍니다. 독자님의 의견에 대해 바로 답변을 드리고, 또 독자님의 의견을 다음 책에 충분히 반영하도록 늘 노력하겠습니다.

주소 : 서울시 금천구 가산디지털2로 123 월드메르디앙벤처센터 2차 10층 1016호
대표팩스 : (02)867-2207
등록 : 2007. 4. 27. 제16-4189호
이메일 : support@youngjin.com

STAFF
저자 그레이엄 도널드 | **역자** 한혁섭 | **책임** 김태경 | **진행** 엄정미 | **디자인 및 편집** 고은애
영업 박준용 임용수 | **마케팅** 이승희 김다혜 김근주 조민영 | **제작** 황장협 | **인쇄** 제이엠인쇄

지구가
평평했을 때

우리가 잘못 알고 있는 과학의 모든것

그레이엄 도널드 지음, 한혁섭 옮김

이 책의 차례

※본문에 표시된 하단의 번호는 옮긴이주입니다.
※책은 『 』, 논문은 「 」, 잡지 및 신문은 《 》, 소제목과 영화나 드라마 등 기타 영
　상물은 〈 〉로 구분했습니다.
※주석은 국립국어원의 『표준국어대사전』을 참고하였습니다.

시작하면서

고대부터 현대에 이르기까지 과학은 진실과 다른 경우가 많았다.

이런 가짜 과학은 그 시대의 아집으로 만들어졌다. 인체 해부에 대한 지식이 없었던 고대 그리스인은 인체가 네 개의 체액으로 구성되었다는 이론을 발전시켰는데, 이 이론은 19세기에 과학을 바탕으로 의학이 발전하기 전에는 세상을 좌지우지했다.

다른 시대에도 겉보기에는 별거 아니지만, 골상학Phrenology이 나타난 것처럼 가짜 과학은 어리석음의 결과였다. 20세기 말 르완다 대량 학살을 정당화하려고 골상학의 잘못된 논리를 사용한 적도 있었다. 이 밖에도 정치가와 기독교 우파가 완전히 가짜 과학인 잠재의식 메시지Subliminal messaging라는 것을 차용한 것을 포함하여, 사실이 아닌 음모를 꾸미려고 과학의 '진실'을 탐구한 적도 있었다. 이런 생각이 의심스러워도 인류가 어떻게 가짜 과학에 속아 왔는지, 앞으로도 속을 테지만, 『지구가 평평했을 때When the Earth Was Flat』는 이런 가짜 과학을 주목할 것이다.

다행히 우리가 잘못 알고 있는 과학의 모든 것이 인류에게 엄청난 영향을 미친 것은 아니다. 이 책에서 소개하는 어떤 이야기는 실소를 불러일으킬 지도 모른다. 모든 비금속을 금으로 바꿀 수 있다는 현자의 돌Philosopher's stone을 찾는 연금술사나 진동기Vibrator의 다소 놀라운 역사, 지구 공동설Hollow earth theory을 믿는 사람을 포함하여 과학의 역사는 이상한 사람과 함께 훨씬 더 이상한 생각으로 가득 차 있다.

가장 놀라운 점은 가장 의심스러운 가짜 과학 중 어떤 것은 최근에서야 밝혀졌다는 것이다. 오늘날의 의학이나 과학이 아무리 발전하더라도 지금부터 백 년 뒤에 이 책과 비슷한 책이 쓰여진다면 오늘 받아들이는 지식을 비웃을 지도 모른다.

01
말도 안 되는 소리!

두개골 측정으로 개인의 성격을 알 수 있다.

지난 몇 세기에 유행했던 대부분의 어리석은 가짜 과학은 인류에게 거의, 또는 전혀 피해를 주지 않았으며, 새로운 과학 발견이 빛을 비추면서 모두 흔적도 없이 사라졌다. 하지만 불행하게도 가짜 과학 중 하나인 골상학^{Phrenology}은 당시에도 엄청난 불의와 불행을 초래했고, 20세기 말에 무덤에서 불러내어 대량 학살을 조장하였기 때문에 인류에게 피해를 주지 않았다고 말할 수 없다.

🚂 프란츠 갈의 생각

골상학의 아버지로 불리는 독일 내과의 프란츠 요제프 갈$^{Franz\ Josef}$ ^{Gall}(1758~1828)은 인종에 대한 여러 가지 어리석은 생각의 발생지였던 빈 대학교$^{University\ of\ Vienna}$ 출신이었다(9페이지 참고). 프란츠 갈은 인간의 뇌가 각각 특별한 기능, 성향, 성격을 담당하는 분리된 자율 기관인 27개의 별개 영역으로 구성되었다는 이론을 만들었다.

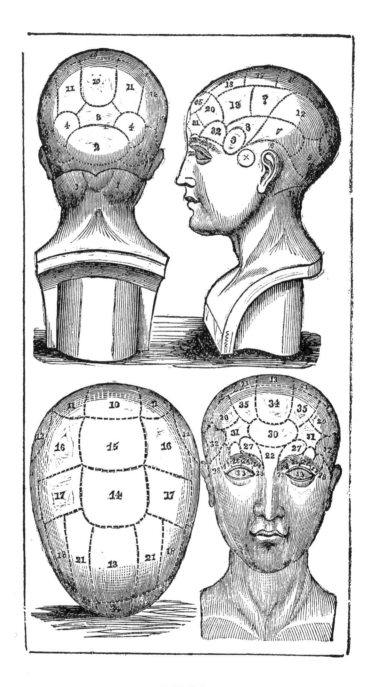

• 골상학 흉상 •

어리석은 수업

1925년까지만 해도 빈 대학교는 인종 차별주의[1] 사상의 온상이었다. 그중 가장 나쁘고 지대한 영향을 미친 것이 인종 관리Rassenpflege라는 사상으로 인종 청소를 추구하였다. 이 대학 인류학 학과장 오토 레슈Otto Reche 교수는 '모든 국내 정책은 인종 관리를 바탕으로 이루어져야 하며, 적어도 외교 정책의 일부라도 그렇게 해야 한다.'고 말하는 인종 차별주의 사상의 열성적인 지지자였다.

사람이 운동을 거듭할수록 근육이 커지는 것처럼 스스로가 지시한 감정적, 육체적 충동을 느낄수록 뇌 기관 역시 커진다고 생각했다. 프란츠 갈을 변호하자면 그의 생각은 완전히 빗나간 것은 아니다. 최근 뇌의 어떤 기관이 특정 기능이나 기질과 연결되어있고, 어떤 것은 정신 운동으로 발달할 수 있다는 것이 과학 연구로 밝혀졌다.

프란츠 갈이 이쯤에서 연구를 그만뒀다면 아무런 피해가 없었을 것이다. 그는 억측과 가정을 사용한 기본 전제의 오류를 골상학이라는 거대한 빌딩의 기초로 사용했다. 1805년에 프란츠 갈은 27개의 두뇌 기관 중 일부가 정신 운동으로 부풀어서 머리뼈를 밀어 올리기 때문에 두개골 외부가 울퉁불퉁해진다고 결론지었다.

---

1 인종 사이에 유전적 우열이 있다고 하여 인종적 멸시, 박해, 차별 따위를 정당화하는 주의. 나치의 반유대주의, 백인의 흑인 차별 따위가 전형적인 예이다.

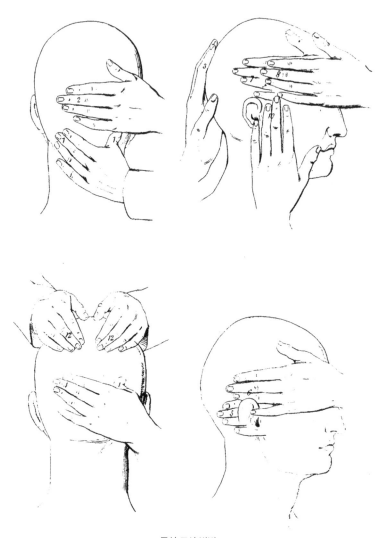

• 두상 조사 방법 •

뇌 훈련

2000년 3월 런던대학교University College London의 엘리너 매과이어Eleanor Maguire 교수는 런던 택시 운전사의 뇌에서 해마Hippocampus[2]의 성장 유형을 연구한 결과를 발표했다. 운전사가 선정된 이유는 런던의 두 지점 사이에 가장 빠른 길을 찾아낼 수 있는 능력을 입증하는 시험인 '지식The knowledge'을 반드시 통과해야 하기 때문이다. 매과이어 교수는 운전사가 더 오래 운전할수록 해마가 더 성장한다고 추정했다.

정신 질환

프란츠 갈은 살인자와 도둑 같은 범죄자의 두상을 하나하나 만져서 철저하게 조사하였고, 이들에게서 유형을 결정하기에 충분한 유사성이 있다고 결론지었다. 마찬가지로 정신 질환을 앓고 있는 사람의 두상도 비슷한 방법으로 조사하였고, 뇌의 특정 기관이 잘못 작동하여 증상이 나타난 것으로 결론지었다. 다시 프란츠 갈을 변호하자면, 이전에 정신 질환을 앓고 있는 사람은 일부러 그렇게 행동하거나 악마에게 홀렸다고 여겼기 때문에 다른 사람에게 매번 얻어맞았으므로 그의 생각은 좋은 영향도 있었다. 처음으로 정신 질환을 앓고 있는 사람이 진짜 아프다고 생각하였고, 증상에 따라 밤새도록 치료해야 한다는 것이 골상학의 입장이었다.

---

2 대뇌 반구의 일부로 기억과 관계하며, 감동, 자극, 정서를 담당하는 뇌 기관

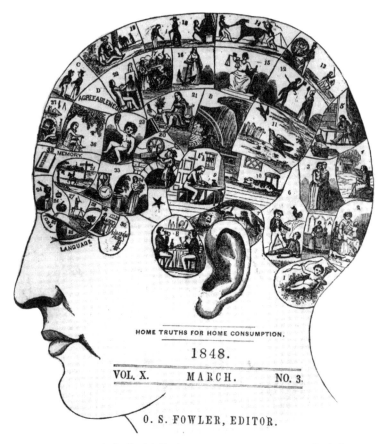

• 《미국 골상학저널^{American Phrenological Journal}》 1848년 3월호(편집자: 오슨 파울러^{Orson Fowler}) •

반면에 아주 정상적으로 살았던 사람을 프란츠 갈의 '과학적으로 증명된' 유형과 유사한 두상이라는 이유로 잠재적 살인자나 정신 질환자로 만들기도 했으므로 마냥 좋은 영향은 아니었다. 몇몇 불쌍한 '영혼'은 예방 조치로 구속되기도 했다. 가장 인기 있는 코난 도일^{Conan Doyle}의 셜록 홈스^{Sherlock Holmes} 소설을 비롯한 브론테 자매^{Brontë sisters}[3], 브램 스토커^{Bram Stoker}[4]와 같은 유명 작가의 글에서 프란츠 갈을 어깨너머로 배운 일반인도 그 학설에 빠져들었다. 당시 홈스가 옳다고 하면 옳은 것이었다.

---

3 『제인 에어』, 『폭풍의 언덕』, 『애그니스 그레이』를 쓴 영국의 문학가로 샬럿, 에밀리, 앤 브론테 자매
4 『드라큘라』를 쓴 아일랜드 소설가

많은 회사가 정신 질환을 앓고 있는 사람을 채용하지 않으려고 응시자의 두상을 골상학 전문가가 만져보는 제도를 도입하였다. 또한 법정에서는 많은 피고인이 골상학 전문가의 부정확한 증언 때문에 유죄로 투옥되었다. 프란츠 갈의 오류를 쌓아 올린 골상학이라는 빌딩은 1820년에 금이 가기 시작하였고, 1850년에 완전히 사라졌다. 하지만 그것도 영국뿐이었다.

🐦 새Fowl가 범죄를 저지르다.[5]

미국은 그때, 최대 공로자로 꼽히는 파울러 형제Fowler brothers로 불리는 오슨 Orson(1809~1887)과 로렌초Lorenzo(1811~1896)의 '노력'으로 골상학이 깊이 뿌리내리고 있었다. 미국 수필 작가 랠프 월도 에머슨Ralph Waldo Emerson(1803~1882)과 발명가 토머스 에디슨Thomas Edison(1847~1931) 같은 유명인도 파울러 형제를 지지했다. 파울러 형제를 사기꾼이라고 말하면 불쾌할지도 모르지만, 특히 로렌초는 1860년에 영국에서 강연을 다니면서 엄청난 수익성을 확인하고 아예 영국에 살기로 한 것을 보면 모두 장사 수완이 뛰어났던 것은 틀림없다.

로렌초는 런던에 파울러연구소Fowler Institute를 설립하기에 이른다. 1872년, 유머 감각이 뛰어난 미국 작가 마크 트웨인Mark Twain은 그의 거짓을 폭로하려고 노력했지만 허사였다. 장난기 많은 트웨인은 일부러 노동자 차림으로 변장하고 골상학 진단을 신청했다. 하지만 돈 받는 것 말고 관심이 없었던 파울러는 트웨인의 두상을 만져보고 심각한 우울증이 있으며 유머 감각이 하나도 없다고 말했다. 또한 창의성이 부족해서 사무직 같은 평범한 일이 가장 맞는다고 추천했다. 트웨인은 적당히 고맙다고 말하고 돈을 내고 나왔다.

그때는 좋은 아이디어였지만…….

1958년 수소 폭탄[6]의 아버지 에드워드 텔러Edward Teller 박사는 알래스카 톰슨 만에 폭이 1마일1.6킬로미터인 항구를 만드는 데 자신의 '아이들(수소 폭탄)'을 연결하여 폭파할 것을 제안했다. 다행히도 그 아이디어는 보류되었다.

---

5 파울러(Fowler) 형제를 가금(家禽, 집에서 기르는 새, Fowl)에 비유한 언어유희
6 중수소의 핵융합을 이용하여 만든 폭탄. 1952년에 미국에서 처음으로 실험하였으며, 효과는 원자 폭탄의 수천 배로 땅 위에서 폭발할 경우 반경 35킬로미터 이내는 폭풍과 고열에 의하여 모두 파괴된다.

몇 달 후 트웨인은 자신의 이름으로 진단을 신청하고, 그의 상징인 흰색 정장을 입고 허세를 부리면서 방문하였다. 저자세로 돌변한 파울러는 저명인사인 고객을 극찬하였고, 이전 진단에서 우울증이 있다고 말한 오목하게 패어있는 바로 그 부분을 유머 작가의 국제적 명성에 걸맞은 '산 같은 바위'가 있다고 진단하였다. 트웨인은 돈을 내고 나와서 이 사건을 발표하였다. 하지만 파울러 형제의 밴드왜건Bandwagon[7]을 멈출 수 있는 건 아무것도 없었다. 게다가, 로렌초는 늘어나는 골상학자에게 골상학 도구를 공급하려고 대규모 우편 주문 판매를 시작하였다.

베이지색의 마네킹 머리에 검은 도장이 있는 골상학 흉상을 보게된다면 (오늘날 골동품 가게에서) 로렌초 제품 중 하나일 것이다. 이조차도 앞으로 벌어질 사건에 비하면 별로 대단한 일이 아니겠지만 말이다. 이외에 파울러 형제가 남긴 유일한 유산은 '높은 눈썹high-brow(교양 있는)', '낮은 눈썹low-brow(교양 없는)'이라는 표현과 이상하게 행동하는 사람에게 '머리가 이상한 것 아냐!Had their bumps felt'라고 말하는 관용어를 만든 것이다. 상황은 더 나빠지고 있었다.

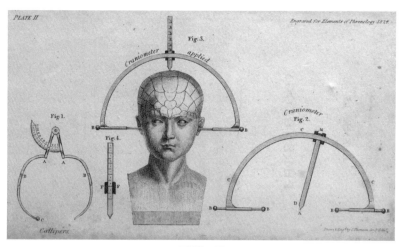

· 골상학 도구 ·

🏛 최악의 사태

독일 식민지였던 르완다는 베르사유 조약The Treaty of Versailles(1919)으로 벨기에 식민지가 되었다. 벨기에도 역시 골상학의 주요 지지자 폴 바우츠Paul Bouts(1900~1999)의 지휘로 열풍에 빠져있었다. 스물네 살에 이미 유명 인사가 된 골상학자이자, 신부인 바우츠는 고향의 모든 병원과 교도소를 방문하여 환자나 수감자의 두상을 직접 만든 기구로 측정하였다. 그는 자신의 조사를 바탕으로 누가 정상이고 누가 비정상인지 판단하는 의심스러운 보고서를 발표하였다.

엎친 데 덮친 격으로 르완다에 있는 벨기에 식민지청Belgian Colonial Office은 인종 우월성 문제를 결정하려고 바우츠의 장비를 사용하면서 인종 차별이 서서히 나타나기 시작하였다. 식민지청은 우편 주문으로 구매한 측정기로 몇 명의 머리를 측정한 뒤 투치족Tutsi이 후투족Hutu보다 우월하다고 결론지었고, 모든 혜택과 문제를 투치족에게 더 유리하게 책정하여 처리하였다. 이 일은 결국, 1994년에 발생한 르완다 내전에서 후투족 극단주의자가 50만 명에서 100만 명의 투치족과 후투족 온건주의자를 죽이는 대학살Genocide로 발전하였다.[8]

---

8 2004년 영화 〈호텔 르완다(Hotel Rwanda)〉는 대학살이 일어난 '르완다 내전'이 배경이다.

02
나쁜 진동

군인의 행군으로 현수교가 무너질 수 있다.

19세기까지만 해도 하나의 소대에서 연대까지 모든 군인이 행군하여 다리를 건널 때에는 발을 맞춰서 걸으면 안 된다고 배웠다. 이러한 규정은 모든 물체는 '고유 주파수Natural frequency'를 가지고 있다는 그 당시의 과학적 논의로 강조되었다. 고유 주파수란 한번 움직이면 계속 진동Vibration하는 빈도수를 의미한다. 만약 군인이 반복적으로 똑같이 발을 맞춰 다리를 건너면서 생기는 진동과 다리 자체의 고유 주파수가 일치하면 진동이 너무 커져서[9] 다리를 건널 때 반드시 재앙이 생길 거라고 믿었다.

거친 파도[10]

이러한 믿음은 1831년 4월 12일 브로턴 현수교Broughton Suspension Bridge의 붕괴로 시작되었다. 브로턴 현수교는 영국 랭커셔Lancashire의 브로턴Broughton과 펜들턴Pendleton 사이의 어웰Irwell 강에 부호 메커니언 존 피츠제럴드Mancunian John Fitzgerald의 자금으로 1826년에 건설하였다. 문제의 그날, 그의 아들 존 피츠제럴드 주니어John Fitzgerald Jr. 중위는 제60 소총 부대원 74명과 함께 벌판에서 훈련을 마친 뒤 살포드Salford의 막사로 돌아오고 있었다. 그들이 당당하게 행군할 때 다리가 무너지기 시작하였고, 부대원 한 열 전체가 강에 빠지고 말았다. 다행히 물 깊이는 50센티미터에 지나지 않아, 모두 조금 다치는 정도에 그쳤다.

9   이 현상을 공진(Resonance) 또는 공명이라고 한다.
10 거친 파도(Troubled water)는 사이먼 앤드 가펑클이 1970년에 발표한 노래 〈험한 세상 다리가 되어(Bridge over troubled water)〉가 연상되는 언어유희

새로 생긴 맨체스터역학연구소Manchester Mechanics Institute의 과학자가 사고 원인을 분석하였고, 피츠제럴드는 이 연구에 거액을 기부하였다. 과학자는 연구 결과, 군인이 모여 발을 구르면서 생기는 '공진'이 붕괴의 원인이라고 추정하였다. 이 결론으로 현수교에 투자한 사람들은 마음이 놓였다. 현수교 중 초기 모델 하나인 브로턴 현수교는 마을의 자랑이었기 때문에 설계와 시공에 참여한 사람이 무능력으로 고소당하거나 더 심한 상황이 되는 것을 바라지 않았다. 군대에서 행군하는 모든 부대에게 인원수에 상관없이 다리 붕괴를 일으키지 않도록 자유롭게 걸어 다니라는 긴급 지령이 내려졌다.

당신이 모르는 과학의 진실

* 원심력 같은 것은 없다.
* 열Heat은 온도가 올라가거나 내려가는 것이 아니라 주변에 균등하게 분산되는 것이다.
* 위궤양은 스트레스나 매운 음식이 아니라 헬리코박터 파일로리Helicobacter pylori라는 박테리아로 발생한다.
* 양성자 도약Quantum Leap[11]은 엄청나게 크게 변하는 것이 아니라, 물질이 어떤 상태에서 다른 상태로 변할 때 일어나는 인식할 수 없는 가장 작은 변화를 의미한다.

🔧 너트와 볼트

기계적 공진Mechanical Resonance은 현실에서 분명히 일어날 수 있다. 다만 사실 위에서 언급한 문제와 아무런 관련이 없었고, 따라서 행군하는 군대와도 상관없었다. 소동이 가라앉은 뒤에 투자자와 관련 없는 교량 기술자가 현장을 조사했더니, 바닥에 고정한 커다란 받침대 볼트 하나가 부러진 것을 발견했다. 그 외에도 현수교를 고정하는 다른 볼트도 균열이 생겼거나 휘어졌으며, 이전에 결함이 있었던 3년이나 지난 볼트를 다시 사용한 것을 알아냈다.

그리고 마침내 더 중요한 원인이 밝혀졌다. 저명한 구조 공학자 이턴 호킨슨 Eaton Hodgkinson(1789~1861)이 사고가 일어나기 전에 체인의 강도를 의심했고, 현장에 받침대를 설치하기 전에 검사하라고 권고했지만 그의 말은 무시되었다.

---

11 경제학에서 '조직이나 사업이 혁신으로 단기간 내에 발전하는 것'에 사용하는 것을 비판하는 것이다.

게다가 행군이 다리를 무너뜨렸다면 왜 현수교를 건너 훈련장으로 나갈 때 무너지지 않았을까? 사실 이 현수교는 점점 무너지고 있었고, 병사들의 무게를 견디지 못했을 때 붕괴된 것이었다. 행군은 이 붕괴와 아무런 상관이 없었다. 브로턴 현수교를 잘못 설계하고 시공했기 때문에 발생한 단순한 기계적 파손 Mechanical Failure이었다.

괴담은 계속되다.

하지만 여러 명이 발맞추어 행진하면 다리가 무너질 수 있다는 괴담은 사라지지 않았고, 1850년 4월 16일 프랑스의 앙제 현수교Angers Suspension Bridge 붕괴로 더 많은 사람이 신봉하게 되었다. 엄청난 폭풍우가 몰아치던 날, 500여 명의 병사가 다리를 행군하다가 두 개의 현수 케이블이 끊어지고 다리가 무너졌다. 이 사고로 226명이나 되는 병사가 목숨을 잃었다. 당시 군인들은 보폭을 두 배로 늘리고 발을 맞추지도 않았지만, 이 사고 역시, 행군으로 발생한 기계적 공진이 원인이라고 추정하였다. 이 지역은 많은 군대가 주둔해있었고 모든 군대가 이 다리를 사용하였으며, 일부는 발을 맞춰서 행군했고 일부는 그렇지 않았다. 4월 16일 같은 연대 소속의 두 대대가 사고 없이 다리를 건넜다. 결국 이번에도 케이블을 고정하는 장치에 부식이 발견되었다. 브로턴 현수교와 마찬가지로 앙제 현수교 붕괴도 단순한 기계적 파손이었다.

• 앙제 현수교 붕괴 •

🦾 밀레니엄 다리의 흔들림

2010년 3월 미국 물리학회 기관지 《피직스 투데이Physics Today》에 실린 〈런던 다리의 떨림과 흔들림London Bridge's Wobble and Sway〉이라는 기사에서 물리학 교수 버나드 J. 펠드먼Bernard J. Feldman은 2000년 6월 런던에 새로 건설한 밀레니엄 다리Millennium Bridge의 진동이 공진 때문이라는 주장을 반박했다. 이 반론의 핵심은 보행자가 걷는 주파수는 다리 수평 진동의 두 배이므로 서로 일치할 수 없기 때문에 어떤 영향도 줄 수 없다는 것이었다.

🦾 아주 빠른 바람

1940년 미국의 퓨젓사운드Puget Sound 만을 가로지르는 타코마 내로스 현수교 Tacoma Narrows Suspension Bridge가 무너지자 당시 사람들은 이 원인을 바람이 만든 공진 때문이라고 추정하였다. 이 다리는 공사 중에도 가끔 상판이 크게 흔들렸기 때문에 이미 '말 타는 거티Galloping Gertie'[12] 라고 불렀다. 다행히 출렁거리는 다리 특성 때문에 붕괴로 희생된 것은 '투비'라는 이름의 스패니얼 개 한 마리뿐이었다.

타코마 내로스 현수교는 시속 120마일약 200킬로미터의 강풍에도 견디도록 지어졌지만, 시속 40마일약 65킬로미터의 바람에 무너졌다. 어쨌든 붕괴 원인은 강풍이 일으킨 공진 때문이라고 뒤집어씌웠다. 다리를 지나가는 바람이 차례로 돌풍을 일으키면서 생긴 진동이 다리의 고유 주파수와 일치해서 갑작스럽게 큰 진동이 발생했고, 그 여파로 출렁거리면서 다리가 붕괴되었다고 생각했다.

---

12 샘 폰테인(Sam Fonteyn)의 피아노곡으로 말을 탔을 때 사람의 몸이 오르락내리락 하는 것을 음악으로 표현하였다. 바람으로 다리가 위아래로 흔들렸기 때문에 그렇게 부른 것으로 생각된다.

⚒ 반론을제기하다.

오늘날까지도 거티의 붕괴는 바람으로 생긴 공진 때문이라는 이야기가 여전하지만 몇 가지 예외는 있다. 로버트 H. 스캘런Robert H. Scanlon(1914~2001)은 이런 오해를 반박하는 몇 편의 논문을 발표했다. 미국 샌프란시스코의 금문교 Golden Gate Bridge 건설 프로젝트 컨설턴트이기도 했던 그의 견해는 어느 정도 전문가로서 권위가 있었다. 국제적으로 구조물의 공기 역학Aerodynamics[13]과 공탄성Aeroelasticity[14] 연구의 아버지로 불리는 스캘런은 이 분야의 선구자로서 타코마 공진설에 계속 찬물을 부었다.

P. 조지프 매케나 P. Joseph McKenna 교수와 앨런 C. 래저Alan C. Lazer 교수는 공동 논문「록 앤드 롤 다리Rock and Roll Bridge」에서 타코마 공진설에 반대하는 매우 설득력 있는 논거를 제시하였다. 매케나와 래저 교수는 공진은 매우 엄밀한Precise 현상이며, 유리가 부서지는 예를 들면서 물체의 고유한 진동과 외부의 강제적인 진동의 빈도수가 '완벽하게' 일치하지 않으면 공진은 일어날 수 없다고 말했다. 또한 그런 '정확하고 완벽한 상태'는 타코마 다리를 강타한 강력한 폭풍 속에서 발생할 수 없다고 말했다. 오히려 다리 붕괴는 강풍이 부는 동안 발생한 다양한 진동으로 도로가 극단적으로 뒤틀렸기 때문이라고 말했다. 거기에 타코마 다리가 바람에 크게 출렁거리면서 현수 케이블에 너무 큰 압력이 작용한 것도 다리의 붕괴를 초래했을 거라고 덧붙였다.

브로턴, 앙제, 타코마 다리의 붕괴는 모두 매우 드문 경우지만 어느 다리도 공진 현상과 관련이 없었다. 하지만 오래된 과학 오류는 쉽게 사라지지 않는다. 아직도 미신처럼 병사들이 다리를 건널 때는 발맞춤을 하지 않는다고 한다.

---

13 공기의 운동이나 운동하는 물체에 작용하는 공기의 힘을 연구하는 학문
14 유체의 흐름을 받는 물체에서 발생하는 관성력(Inertial force), 탄성력(Elastic force)과 공기력(Aerodynamic force)의 상호작용에 대해 다루는 학문

소리로 유리를 깨뜨리다.

공진에 얽힌 또 하나의 괴담은 사람의 목소리로 유리를 깨뜨릴 수 있다는 것이다. 19세기 과학자는 오페라 가수가 유리잔을 산산조각 낼 정도로 매우 높은 소리를 낼 수 있다고 믿었다. 하지만 목소리는 유리를 산산조각 낼 정도로 강력하지 않다. 하지만 어떤 방법을 사용했는지 정확히 알 수 없지만, 실내에서 고막이 찢어질 것 같은 많은 시연이 있었을 것이며 공범자가 공기총을 사용해도 듣지 못할 만큼 시끄러웠을 것이다. 사기꾼이 공진의 힘을 과시하는 데 다시 과학을 사용한 것이다.

최근에 재즈 가수 엘라 피츠제럴드Ella Fitzgerald가 비슷한 묘기를 부리는 유명한 텔레비전 광고가 있었는데, 그것도 조작된 것이었다. 유리잔 자체에 비밀이 있었다. 그 비밀은 우선 잔을 '두드려서Pinged' 유리잔의 공명음을 알아낸 다음, 이 소리를 녹음하고 스피커를 이용하여 유리잔 방향으로 재생하면 유리잔이 깨지는 것이다. 사람의 목소리는 힘이 부족하다. 소리의 크기Volume가 열쇠를 쥐고 있다.

03
모든 힘을 다해서[15]

모든 비금속은 금으로 바꿀 수 있다.

현대 화학Chemistry의 바탕인 연금술Alchemy의 기원은 모호하지만, 대체로 이집트 고대어로 검은 땅Black Earth을 의미하는 아랍어 알케미아Al-Khemia에서 유래했다고 전해진다. 이후 11세기 무어인Moors[16]이 스페인에 전달하면서 유럽에 연금술이 퍼지기 시작하였다. 연금술의 가장 큰 목표(그리고 '과학'이라고 가장 잘 알려진)는 영원한 생명의 비밀을 밝히는 것을 포함한 몇 가지 중요한 원리를 제외하고, 비금속을 금Gold[17]으로 바꿀 수 있다는 '현자의 돌Philosopher's stone'을 찾는 것이었다.

🜨 자연 그대로의 성질

연금술의 기본 원리는 사물의 모든 성질이 비슷하다는 아리스토텔레스 철학의 기본 개념에서 기인한다. 양배추와 벽돌은 똑같은 물질로 구성되었고, 그것은 단지 다른 형상Form과 영감을 주는 질료Spirit 때문에 다르다고 생각하였다. 예를 들면, 사람이 양배추를 벽돌로 바꾸거나 납덩어리를 금으로 바꾸려면, 먼저 양배추나 벽돌의 '질료'가 무엇인지 알아내고 다른 질료로 옮기면 된다고 생각하였다.

---

15 '모든 힘을 다해서(Go for gold)'와 '금에 모든 것을 걸다(Going for Gold)'의 언어유희
16 8세기경에 이베리아반도를 정복한 이슬람교도를 막연히 부르던 말
17 황색의 광택이 있는 금속 원소. 금속 가운데 퍼지는 성질과 늘어나는 성질이 가장 크다. 화학적으로 매우 안정되고, 공기 중에서도 산화되지 않는다. 원자 번호는 79, 원소 기호는 Au

연금술사는 네 가지 고대 원소인 흙Earth, 불Fire, 물Water과 공기Air를 인정했지만, 그것은 모두 하나의 물질이 다르게 표현된 것으로 여겼다. 예를 들면 물을 데우면 공기가 되고, 공기를 식히면 물이 된다고 생각하였다. 연금술사는 이 자연 현상을 자신들의 기본 전제를 뒷받침하는 증거라고 생각하였다.

연금술사 세계에서는 현자의 돌을 찾는 과정을 매그넘 오퍼스Magnum Opus라고 불렀는데, 이 말은 현재 어떤 사람의 대표작을 의미한다. 왜 그렇게 많은 현명한 사람들이 그런 터무니없는 원리를 믿었을까? 납을 금으로 쉽게 바꿀 수 있다면, 금시장에서 금값이 떨어져서 금이 납만큼 싸질 것이다. 아쉽게도 탐욕은 중세 유럽의 눈을 멀게 하였고 돈에 환장하는 탐욕스러운 귀족을 속이는 엉터리 연금술사로 가득 찼으며, 기적처럼 보이려고 위장한 유치한 속임수를 몇 번 보여준 뒤 사기를 치고 도망쳤다.

• 현자의 돌을 상징적으로 그린 그림 •

🎖️ 유명인사의 변신

모든 연금술사가 자기에게 속을 사람을 찾는 데만 집중한 것은 아니었다. 몇몇 마음씨 착한 연금술사는 연금술이 본질을 찾는 데 동참하였고, 그 과정에서 이들은 과학과 의학에 상당히 공헌하였다. 연금술사 파라셀수스Paracelsus(1493~1541)는 처음으로 아연zinc[18]을 발견하고 이름을 붙였다. 그는 모르핀morphine[19]을 포함한 알코올 용액인 아편 틴크Laudanum도 만들었다. 1920년 아편 판매가 불법이 될 때까지 빅토리아[20] 시대 영국 귀족들은 아편에 열광하였다(77페이지 〈빅토리아 여왕의 비밀〉 참고).

당신이 모르는 과학의 진실

* 혀에 미각 분포는 없다. 단맛, 신맛, 짠맛과 다른 맛도 혀의 어디에서나 느낄 수 있다.
* 감기로 잃어버리는 것은 미각이 아니라 후각이다.
* 사람은 실제로 열아홉 개 감각이 있어서 '육감Sixth sense'은 이상한 표현이다.

연금술의 유혹이 강력했던, 파라셀수스 시대부터 1~2세기 후까지 연금술과 주류 과학의 윤리적인 경계는 모호했다. 여왕 엘리자베스 1세의 고문인 존 디John Dee(1527~1608 또는 1609)와 과학계에서 가장 영향력 있는 개척자 중 한 명인 아이작 뉴턴 경Sir Isaac Newton(1642~1727)도 어둠의 영역에 빠져들었다. 하지만 모든 실험이 잘 끝난 것은 아니었다. 유명한 연금술사 파우스투스Faustus(1480~1540) 박사는 성직자 사이에 셀 수 없이 많은 적을 만들었는데 그중 몇 명을 자신이 만든 연금술로 독살하였다. 그는 '생명의 물Water of Life'을 만들기 위해 글리세린Glycerin과 산성 용액을 섞는 바람에 폭발하여 사망하였다.

---

18 성질이 무르고 광택이 나는 청색을 띤 흰색의 금속 원소. 습기에 닿으면 얇은 막을 만들어 내부를 보호하기 때문에 철판이나 강철의 산화를 방지하는 도금에 사용한다.
19 아편의 주성분으로 마취제나 진통제로 쓰는데, 많이 사용하면 중독 증상이 일어난다.
20 영국의 여왕(1819~1901), 하노버 왕조의 마지막 영국 군주로, 영국의 전성기를 이루고 군림하되 통치하지 않는다는 전통을 확립하였다. 재위 기간은 1837~1901년이다.

• 미하엘 마이어^{Michael Maier}가 그린 연금술 우의화^{Allegory} 집 아탈란타 푸가^{Atalanta fugiens}의 이미지 •
(금과 은(태양과 달)이 함께 표시되었다.)

파우스투스 박사가 사용한 것이 질산^{Nitric acid}인 산성 용액이었으므로 남은 것은 아무것도 없다는 게 이상하지 않다. 그는 다이너마이트 생산에 필요한 폭발성 액체 나이트로글리세린^{Nitroglycerine 21}의 발명보다 200년이나 앞섰을지도 모른다. 어쨌든 교회는 시신이 없으므로 '악마의 소행'이라고 생각했다.

🔬 다양한 실험

만약 파우스투스 박사가 나이트로글리세린을 발명했고, 사망하기 전에 잠깐 성공했더라도, 그가 당시 일반 과학보다 앞선 유일한 연금술사는 아니었다. 그때에는 연금술사가 무엇을 발견하면 교황의 반대와 의심으로 나쁜 소문이 따라다녔고, 이후 과학 발전을 지연시키기도 했다. 연금술사의 작업장에서 나온 거라면 악마의 소행이라는 것이 기본 원칙이었다.

---

21 글리세린에 질산과 진한 황산의 혼합물을 작용시켜 얻는다. 무색의 액체로 독성이 있으며, 폭발하기 쉽고 관상 혈관을 확장하는 작용을 한다. 다이너마이트 따위 폭약의 원료나 협심증 따위의 치료제로 쓴다.

이러한 개척자 중 한 명인 폴란드 연금술사 미카엘 센디보기오스Michael Sendi-vogios(1566~1636)는 신학자 조지프 프리스틀리Joseph Priestly(1733~1804)가 1774년에 동일한 발견으로 찬사받기 약 200년 전에 질산을 가열하여 산소를 만들었다. 센디보기오스는 네덜란드 연금술사 코르넬리스 드레벨Cornelis Drebbel(1572~1633)과 지식을 공유했으며, 훌륭하고 발전된 사용 방법을 제시하였다. 1620년 런던에서 드레벨은 열여섯 명을 태울 수 있는 최초의 조종 가능한 잠수정을 만들었다.

드레벨은 질산칼륨이나 질산나트륨을 연소시켜 산소를 만들었을 뿐만 아니라, 이 과정에서 질산이 이산화탄소를 흡수하여 산화물이나 수산화물로 바꿀 수 있다는 것도 발견했다. 그는 시대를 300년이나 앞서서 어설프지만 효과적인 공기 재순환 시스템Re-breathing system을 개발했다. 이 잠수정은 국왕 제임스 1세와 해군이 보는 가운데 모든 선원을 템스Thames 강에서 태우고 시험하였다. 그 시험은 약 5미터 수심을 오르락내리락 이동하면서 3시간 이상 잠수하는 것이었다. 그러나 이번에도 악마가 관여했다는 소문이 여기저기에서 흘러나오면서, 급기야 해군은 전투용으로 잠수정을 사용할 수 없게 되었다.

• 실험실 전경 (a) 구리로 만든 증류기 (b) 증류기 상단 (c) 냉각기 (d) 응축관 (e) 회수기 •

🐜 나쁜 소문

이런 엄청난 발견 이면에는, 사람들의 관심을 이용하여 연금술의 이름을 진흙탕으로 끌고 간 사기꾼도 있었다. 합스부르크Habsburgs 왕가는 자신들이 연금술의 어두운 면에 가장 피해를 보았다는 것을 깨달았다. 오스트리아 연금술사 요한 리하우젠Johann Richthausen은 신성 로마 황제 페르디난드 3세Ferdinand III(1608~1658)가 금괴 만드는 것을 스스로 봤다고 믿게 했다. 황제는 그에게 많은 돈을 주었지만 바로 돈만 챙겨 도망쳐 버렸다. 레오폴드 1세Leopold I(1608~1658)도 마찬가지로 속았고, 나중에 합스부르크 왕가의 마지막 현명한 여제 마리아 테레사Maria Theresa(1717~1780)가 영토 내에서 모든 연금술을 금지했다.

연금술의 큰 문제점은 결국 현대 과학의 무언가에 영향을 주는 것처럼 보인다는 점이다. 오늘날 프랑스와 스위스 국경에 위치한 대형 강입자 충돌기Large Hadron Collider[22]와 비슷한 입자 가속기Particle accelerator는 한 원소에서 자유 중성자Neutron[23]와 양성자Proton[24]를 두드리거나knocking, 같은 원소끼리 충돌시켜 다양한 원소를 끊임없이 변성시킨다. 변성이 화학적으로는 불가능할지 모르지만, 물리적으로는 그렇지 않았다. 1972년 소비에트의 물리학자는 시베리아Siberia 바이칼Baikal 호숫가의 연구소에서 실험용 원자로를 점검하던 중 원자로 변류기Deflector에 방사선을 차폐하려고 사용한 납Lead[25]이 금으로 변성했다는 것을 발표했다. 당연히 소비에트를 믿지 않았던 서방 국가는 이 발표를 믿지 않았지만, 노벨화학상 수상자 글렌 시보그Glenn Seaborg가 1980년 미국 캘리포니아대학교University of California에서 재현 실험에 성공하였다.

시보그 교수는 핵물리학 기술로 시료의 특정 중성자와 양성자를 제거하여 수천 개의 납과 비스무트Bismuth[26] 원자를 금으로 변성시키는 데 성공했다. 이것이 초기 연금술사의 개념을 증명할 수도 있지만, 그 운영비용은 채굴된 금의 수천 배이므로 금시장은 당분간 안정될 것으로 보인다.

---

22 유럽핵연구센터(CERN)에 건설한 입자 가속 충돌기
23 수소를 제외한 모든 원자핵을 이루는 구성 입자. 기호는 n
24 중성자와 함께 원자핵의 구성 요소가 되는 소립자의 하나. 기호는 p
25 푸르스름한 잿빛의 금속 원소. 금속 가운데 가장 무겁고 연하며, 공기 중에서는 표면에 튼튼한 산화 피막을 만들어 안정하며, 불에 잘 녹는다. 원자 기호는 Pb, 원자 번호는 82
26 질소족에 속하는 약간 붉은빛을 띤 은백색의 금속 원소. 자석에 반발하는 반자성 성질이 있고, 전기 전도성과 열전도성이 금속 가운데 가장 낮다. 원자 기호는 Bi, 원자 번호는 83

04
좋은 진동

히스테리는 여성에게만 나타나며, 생식기 자극으로만
완화할 수 있다.

자궁 적출Hysterectomy과 어원이 유사한 히스테리Hysteria[27]는 자궁을 의미하는
그리스어 후스테라Hustera에서 유래하였다. 고대부터 최근까지 의료계는 히스
테리가 여성에게만 나타나며, 자궁이 불안정한 것이 원인이라고 생각하였다.
20세기에 이르기까지 이런 터무니없는 생각을 의학적 견해로 받아들인 탓에
이상한 히스테리 치료법이 설득력 있게 보였다. 오늘날 이렇게 치료하면 의사
를 당장 그만둬야 하겠지만, 의학 역사에서 본다면 결과적으로 이 치료법은
성인용품 산업을 간접적으로 발전시켰다.

🎿 즐거운 경련

1563년 네덜란드 의사 피에테 후안 포레스토Pieter van Foreest(1521~1597)는 수 세
기 동안 이어져온 '히스테리' 또는 '자궁 질환'의 치료법에 긍정적이었으며 의학
관찰 자료를 펴낸 책에 다음과 같이 썼다.

> "이런 증상이 나타나면 손가락에 백합, 머스크[28] 뿌리, 크로커스[29] 등의 기름을 바른
> 산파에게 손가락으로 생식기를 마사지해 달라고 부탁해야 한다. 이렇게 하면 고통받
> 는 여성은 경련Paroxysm을 일으킬 수 있다. 이런 손가락을 이용한 자극은 갈레노스

---

27 정신적 원인에 의하여 일시적으로 일어나는 비정상적인 흥분 상태를 통틀어 이르는 말
28 사향 냄새를 내는 여러 가지 식물
29 사프란

Galenos[30] 와 아비센나Avicenna[31] 도 권장하였다. 특히 정조를 지키는 미망인이나 순결한 삶을 사는 수녀에게 효과적이다. 이 방법은 소녀, 창녀, 또는 기혼 여성에게는 권장하지 않으며, 기혼 여성은 배우자와 성관계하는 것이 더 효과적이다."

쉽게 말해 여성이 좀 예민하거나 문제를 일으킨다면 생식기를 자극하는 것이 필요하다는 것이다.

이런 불평등이 흘러넘치는 성에 대한 태도는 수 세기에 걸쳐 널리 퍼져있었고, 여왕이 통치하던 빅토리아 시대조차 많은 남성이 여성을 진지하게 생각하지 않았다. 여성을 오르가슴Orgasm을 느낄 수 있는 성이 있는 생명체로 생각하지 않았다. 의료계 대부분 그 정도 지식밖에 없었다.

빅토리아 시대 의사는 오래된 소견에 따라 쉽게 화를 내는The Vapours 강한 성격의 여성에게 생식기 마사지를 권장했다. 여기서, 화를 낸다는 것은 권태감, 호흡 곤란, 불면증, 식욕 부진, 짜증, 남편과 불화 같은 증상을 설명하려고 사용한 포괄적인 용어이다. 오르가슴을 애매하게 알았기 때문에 당시 기록에는 의사가 비협조적인 환자를 치료할 때 '경련'에 도달하는 시간이 너무 오래 걸린다고 불평하는 의사 이야기가 많이 나온다.

당시, 의료계는 아무도 이 경련이 여성의 오르가슴이라는 사실을 깨닫지 못했다. 대부분 환자는 초진으로 좋아졌다고 느끼고, 치료를 계속하려는 환자만 그 사실을 알고 있었다. 지금이라면 어색하겠지만, 그 결과 부인과 마사지 클리닉은 유럽과 미국 전역에 생겨났다.

---

30 고대 그리스의 의학자(129~199)로 해부학, 생리학을 발전시켜 그리스 의학의 체계를 세웠다.
31 이슬람의 철학자·의사(980~1037). 이슬람 세계의 아리스토텔레스 학문의 대가로, 중세 유럽의 철학 및 의학에 많은 영향을 주었다. 저서에 『의학 전범(典範)』, 『치유의 서(書)』 따위가 있다.

⛏ 수요와 공급

부인과 마사지 클리닉이 매우 놀라운 속도로 증가하면서, 의사는 손가락과 손목에 통증을 호소했으며, 반복사용 긴장성 손상증후군Repetitive Strain Injury,RSI[32]이라는 진단명까지 생겨났고, 의사들이 빠르게 환자의 대열에 합류하게 되었다. 스위스 사람은 일정하게 잘 움직이는 손목시계에서 해결책을 찾으려고 시도하였다. 하지만 이 장치를 사용한 환자는 호흡 곤란과 더불어 목과 치료 부위에 홍조가 발생하였다. 이 장치는 가끔 큰 소음도 발생했으며, 애석하게도 환자가 경련할 즈음 태엽이 풀려 버렸다. 19세기에는 의사 부인 중 단 한 명도 행복한 성생활을 누리지 못했을 것이다. 왜냐하면 이런 전문가가 환자의 반응이 실제로 무엇인지 이해하지 못했기 때문이다.

그다음에 등장한 것은 워터젯Water-jet을 이용한 하이드로퍼커션Hydro-percussion이었고, 어느 정도 성공을 거두었다. 워터젯을 음핵에 분사하면 빠르고 강력한 경련을 일으켰다. 당연히 이것은 환자들 사이에 큰 인기를 끌었고, 의사는 하이드로퍼커션이 더 강력한 경련을 일으킨다고 인정하였다. 수요가 급속도로 증가하였다.

하지만 장비가 너무 비싸고 치료실을 다른 용도로 쓸 수 없었기 때문에 부유한 의사와 환자를 제외한 사람들은 하이드로퍼커션을 사용할 수 없었다. 대세에 따라 스파 클리닉Spa clinic이 활기를 띠었고, 이미 아쿠아 트리트먼트Aqua treatment 사업을 하던 의사는 환자가 일주일에 두 번씩 자신만의 방식으로 물을 사용할 수 있는 클리닉을 개설했다.

---

32 같은 동작을 반복하면 발생하는 질환

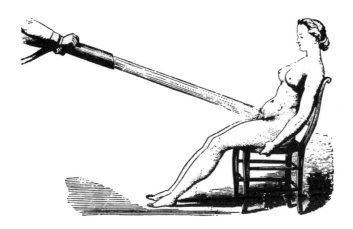

• 기절한 사람을 깨우려는 게 아니다(하이드로퍼커션). •

활기찬 그녀의 발걸음

유명한 프랑스 의사 앙리 스테통Henri Scoutetten이 1843년에 작성한 '여성 골반 울혈 증후군Female Pelvic Congestion'의 치료법으로 하이드로퍼커션을 설명한 글을 보면 왜 이런 치료가 유행했는지 알수 있다.

> "처음에 분사한 물을 맞았을 때는 아프지만, 곧 그것이 가져오는 진동과 냉기로 오르가슴이 생긴다. 피부는 화끈거리지만 안정되면 모두 하나가 되어 좋은 느낌을 만들어낸다. 그래서 의사는 정해진 시간(보통 4분이나 5분)을 넘지 않도록 주의해야 한다. 분사 후 환자는 스스로 몸을 말리고, 코르셋을 다시 입고 활기찬 발걸음으로 그녀의 방으로 돌아간다."

기계를 넘어서

1868년 뉴욕 의사 조지 테일러George Taylor 박사는 수많은 여성을 치료하면서 발생한 반복사용 긴장성 손상증후군 때문에 골프채를 제대로 잡을 수 없었다. 그래서 테일러 박사는 여성 히스테리를 손으로 치료하는 것 대신 새로운 방법을 생각해냈다. 이 방법은 튼튼한 고무막으로 증기를 방출하는 증기 구동 생식기 자극 장치Steam-driven Vulvar Agitator를 진료 침대에 설치하는 것이었다.

• 불편한 진동기와 진료 침대 •

이 장치는 곧바로 의료계에서 인기를 끌었다. 조작이 간단하고 인력도 필요없었다. 의사가 해야 할 일은 환자를 진료 침대에 엎드리게 하고 증기 방출구와 '치료 위치'가 맞는지 확인하는 것과 장치를 작동시키고 치료가 잘 되도록 환자에게 자세를 조금 고쳐 달라는 것뿐이었다. 그러나 테일러가 만든 진료 침대는 크고 다루기 힘들며 시끄러운 소리가 나는 문제가 있었다. 이 기계로 치료한 사람은 왠지 비인간적이라고 생각했다. 대부분 환자는 의사와의 접촉을 선호했다.

🔧 그랜빌의 망치

영국 의사 조지프 모티머 그랜빌Joseph Mortimer Granville(1833~1900)[33] 박사는 1880년에 세계 최초의 의료용 휴대형 전기 진동기Vibrator를 고안해 특허를 출원했다. 그는 이 기계를 '퍼커셔Percussor'라고 부르기를 원했지만 유감스럽게도 사람들은 '그랜빌의 망치Granville's Hammer'라고 불렀다.

설명서에는 퍼커셔가 헤어드라이어와 너트를 푸는 공구를 합친 느낌이라고 쓰여있었다. 다양한 모양의 고무를 붙였다 뗄 수 있었고, 사용하지 않을 때는 스탠드에 매달 수 있었다. 무엇보다 환자가 좋아했고 사용해보려고 몰려들었

---

33 그랜빌의 이야기는 2011년도 영화 〈히스테리아(Hysteria)〉의 소재가 되었다. 이 영화에는 악취설, 골상학도 나온다.

다. 하지만 그랜빌 자신은 그것을 사용하지 않았다. 그가 발표한 논문 「기능 장애와 기질성 질환 치료 수단의 신경 진동과 흥분Nerve Vibration and Excitation as Agents in the Treatment of Functional Disorder and Organic Disease(1883)」에서 다음과 같이 기록하였다.

> "저는 지금까지 한 번도 여성 환자에게 퍼커셔를 사용한 적이 없습니다. 일부러 그것을 피해왔고 앞으로도 쓰지 않을 것입니다. 왜냐하면 히스테리 같은 이상한 상태에 나 자신이 속고 싶지 않고, 사람들이 오해하는 데 도움을 주고 싶지 않기 때문입니다."

· 휴대용 진동기 ·

1902년 미국 시장은 기계처럼 보이지 않는 '자가 치료기'를 출시하여 그랜빌의 발명에 대응하였다. 그것은 대부분의 마사지 치료 시술과 의료용 '골반 진동' 업계의 종말을 알리는 종소리 같았다. 지금도 운영 중인 가전회사 해밀턴비치Hamilton Beach가 출시한 휴대용 진동기는 팬, 주전자, 재봉틀, 그리고 토스터 다음의 다섯 번째 가전제품이었다.

🔩 어마어마한 성공

사람들이 열광하는 곳에 돈이 넘쳐났다! 수요는 엄청났다. '집에서 만나는 여성의 친구Women's Home Companion'라는 적당한 이름을 붙여서 미국 최대 소매업체인 시어스-로벅 카탈로그Sears-Roebuck Catalogue에 이름을 올렸고, 여러 잡지에 광고가 실리면서 다양한 가격의 진동기가 출시되었다. 진동기는 1분에 약 1,000펄스를 전달하는 값싸고 인기 있는 것부터 더 빠른 것까지 다양한 모델이 출시되었으며, 그중에서 가장 인기가 높은 '채터누가Chattanooga'는 눈으로도 볼 수 없는 1분에 약 8,000펄스를 전달하는 200달러짜리 상품이었다.

• 채터누가 •

'채터누가'는 약 1미터 높이의 독립형 장치로 '조작 가능한 팔'이 있었고 사람에 따라 수평으로 낮추어 적절한 높이를 맞출 수 있었다. 팔의 끝부분에는 커다란 좌약 같은 것이 붙어있었다. 부인과는 '골반 울혈 증후군'으로 고통받는 여성에게 부인과 마사지 클리닉이 유일한 휴식처라고 권장할 수 없었고, 유명의사들은 '다시 한번 당신을 두근거리게 만드는 젊음의 즐거움'을 느낄 수 있다고 권장하며 앞 다투어 이런 장치를 시장에 내놓기 시작하였다.

⚗️ 아쉽지만 그런대로 괜찮은

수천 명의 미국과 유럽 여성은 진심으로 만족할 만큼 가슴이 두근거렸지만, 남자는 왁스 칠한 콧수염을 돌리며 계속해서 '여성 문제'를 불평했다. 현대 독자들은 지난 세기까지 수천 명의 여성이 남편 모르게 의사에게 반복적으로 자위를 받았다는 사실에 놀랄지도 모른다. 하지만 의사를 포함한 대부분 남성은 여성의 성욕을 거의 몰랐다. 남성만이 성관계를 즐겼고, 여성은 그것을 받아들일 뿐이었다. 그 당시에 그건 자연스러운 일이었다. 그러므로 여성이 의사의 손으로 경련을 일으키거나 채터누가를 산 것도 이상한 일이 아니었다.

📢 심각한 사업

모든 자위 치료를 은밀하고 더러운 부업이라고 생각하는 사람은 아무도 없었다. 지금도 신뢰받는 의학서인 『머크 매뉴얼Merck Manual』의 초판에 20세기의 여성 히스테리를 정식 병명으로 기록하였다. 유일한 치료법은 수동 또는 기계를 이용한 '골반 마사지'라고 권장하였다. 게다가 20세기 초 어떤 사람도 이 모든 자위 치료에 성적인 측면이 있다고 생각하지 않았다. 그 증거로 이 의학서에는 성적 흥분에 관심이 넘치거나 지나치게 기쁨을 느끼는 여성은 황산을 사용하여 음핵 감각을 제거해야 한다고 제안되어있다.

1920년대가 되어서야 의료 자위행위가 멈췄고, 여성용 퍼커셔는 휴대용으로 소지하는 충전식이 되었다. 때마침 산업으로 성장하기 시작한 포르노 영화에 자주 등장하면서 베일을 벗게 되었다. 마침내 1952년 모든 '히스테리' 관련 증상을 병으로 기록한 공식적인 모든 목록은 의학에서 사라졌다.

05
담배 연기와 무언가

담배로 병을 고칠 수 있다.

담배Tobacco라는 이름은 카리브 해에 있는 시가처럼 생긴 섬인 토바고Tobago의 초창기 단어에서 유래했으며, 1518년경 처음으로 스페인이 미국 대륙에서 유럽에 전래했다. 영국 탐험가 월터 롤리 경Sir Walter Raleigh[34]이 전했다는 이야기는 잘못된 것이다. 처음 소개되었을 때 담배는 질병을 치료하는 '기적의 약초'라고 환영받았다.

🏔 만병통치

무역상들은 처음에는 담배를 놀라운 효능을 지닌 약초로 팔았다. 그들은 특히 스페인과 포르투갈 궁정에 가서 담배 훈증Smoke enema을 즐기는 원주민 이야기를 이용하여 광고하였다. 당시 '관장Glysters'이라고 불렸던 훈증은 거의 유럽 대륙 전역에서 유행하기 시작하여 19세기 중반까지 계속되었다.

스페인의 의사이자 식물학자인 니콜라스 모날데스Nicolas Monardes(1493~1588)의 연구로 담배 효능이 크게 주목받았다. 그는 1565년부터 1574년까지 출판한 세 권의 책에 변비부터 간질까지 많은 질병 치료에 담배를 이용하는 방법을 설명하였다. 모날데스는 담배 연기를 불어서 여러 가지 질병 치료에 사용하였다. 귀가 아픈 사람은 귓구멍에 연기를 불어넣고, 코가 아픈 사람은 콧구멍에 연기를 불어넣었다. 하물며 위가 아픈 사람은 엉덩이에 연기를 불어넣었

---

34 미국 버지니아를 식민지로 만들려고 시도한 여왕 엘리자베스 1세의 총신으로 영국에 담배와 감자를 전래했다고 알려졌다.

다. 사실 전해지는 과정에서 담배 사용 방법을 빼먹었다. 현지의 담배 판매상은 말의 변비를 치료하려고 훈증을 사용하였다.

첫 번째 금연 운동

금연 운동가들은 놀라겠지만, 세계 최초로 전국적 금연 운동을 시작한 사람은 아돌프 히틀러Adolf Hitler였다. 처음으로 나치 의사가 흡연과 폐암의 관계, 태아의 간접흡연 증거를 제시한 덕분에 히틀러 정권은 담배 소비를 줄이려고 일련의 정책을 시행하였다.

공공 교통수단, 방공호, 여러 공공시설과 식당에서 흡연을 금지하고, 흡연을 긍정적으로 표현한 광고를 처음으로 금지한 것도 나치 독일이었다. 독일 공군은 모두 흡연을 금지했고, 나치 친위대 장교는 근무 중에 흡연할 수 없었다.

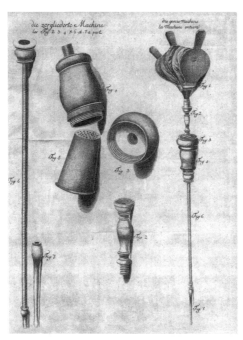

• 훈증 전용 도구 •

담배 훈증은 유럽 전역에서 표준으로 실시되었다. 훈증은 가장 인기 있는 치료법이었다. 지금은 상상하기조차 힘든 일이지만, 16세기 초부터 19세기 중반까지 대부분의 사람들이 향로와 풀무를 합친 것 같은 기구로 엉덩이에 담배 연기를 불어넣기 위해 줄지어 서 있었다.

🎺 각자의 취향

일반 대중은 훈증을 평범하게 사용했지만, 여유 있는 사람은 조금 더 멋있는 방법으로 담배 연기에 자신을 맡기기 시작했다. 수치스러운 과정일지라도 이런 유행은 하나의 산업으로 발전해서 직업적 서열과 전문직까지 생겨났다. 서열의 맨 밑에는 '특별한 훈증Fumier'을 시작하기 전에 자신의 차례를 기다리는 환자를 레모네이드로 깨끗하게 씻어주는 불편한 업무를 담당하는 '레모네이더Lemonaders'도 있었다.

📢 모든 빛나는 것은…….

훈증 치료가 유행했지만 그렇다고 보편적으로 받아들여진 것은 아니었다. 셰익스피어Shake-speare의 『베니스의 상인The Merchant of Venice』에 나오는 '빛나는Glisters 모든 것이 금은 아니다.'라는 말을 '모든 관장Glysters이 금은 아니다'라고 흉내 내는 사람도 있었다.
이 치료법은 미국에서는 그다지 유행하지 않았다. '누군가의 엉덩이에 바람을 불어넣다.To blow smoke up someone's ass'라는 표현은 사기나 속임수를 뜻하는데, 이 표현은 훈증 치료가 수상하다고 생각해서 만들어진 것이다.

더욱이 1650년 12월 영국 옥스퍼드Oxford에서 일어난 어떤 사건으로 훈증이 기적의 힘을 가졌다고 믿게 되었다. 앤 그린Anne Greene이라는 어린 하녀가 사산된 자신의 아이를 살해한 혐의로 누명을 썼다. 그녀는 유죄 판결을 받고 나서 군중 앞에서 목을 매달았다. 그녀의 시신은 짐수레에 실려 수술을 연습하는 수련의에게 옮겨졌다.

시체 안치소에서 누군가가 앤 그린의 손가락이 움직이는 것을 보고, 그녀를 소생시키려고 바로 훈증을 시작했다. 그것은 성공이었다. 당황한 앤 그린은 깜짝 놀라 일어났으며, 이후 누명 또한 벗게 되었다. 그 후 앤 그린은 훈증의 놀라운 효과를 대표하는 '살아있는 광고'가 되었다.

훈증이 유행하자 허가된 의료 행위로 정착했다. 1774년 영국은 물에 빠진 사람을 구하려고 인명구조협회Society for the Recovery of Persons Apparently Drowned를 설립하였다. 이 협회는 런던 시내의 템스강 유역과 시내의 큰 호수에서 구조 활동이 편리한 곳에 공익기금으로 훈증 시설을 설치했다. 앤 그린 사건을 계기로 사람이 정말 죽었는지 확인하거나 익사 직전의 사람을 소생시키기 위한 방법을 제공한 것이다. 놀랍겠지만 협회는 많은 생명을 구했고, 설립 초기에는 상상하기조차 힘든 일이었지만 오늘날 왕립인도협회Royal Humane Society로 발전하였다.

사망 확인

앤 그린의 훈증이 알려지자, 부자가 죽으면 '단지 확인하려고' 연기를 불어넣는 새로운 습관이 생겨났다. 죽어도 훈증을 피할 수 없게 된 것이다. 19세기 초 이 방법이 신뢰를 잃자 살아있는 채로 묻히는 것을 두려워한 사람은 곤경에 처했을 때 무덤 관리인에게 알릴 수 있도록 관 속에 방울을 달기 시작했다. 어떤 사람은 밤을 새우다가 외로운 방울 소리를 들었다고 주장한 적도 있었다. 하지만 이런 관행이 데드링어Dead-ringer[35]나 '방울이 살렸다.Saved by the bell'[36]나, 심야 근무Graveyard shift[37]와 같은 단어를 만들어 낸 것은 아니다.

독약, 그 자체…….

19세기 초반 과학 연구로 담배의 유해성이 점차 드러나자 훈증은 점점 줄어들기 시작했다. 영국의 생리학자이자 외과의인 벤저민 브로디 경Sir Benjamin Brodie은 담배의 주요 성분인 니코틴Nicotine[38]이 혈액 순환을 방해하는 것을 발견하는 등 이 분야에서 가장 중요한 연구를 이끌었다. 그런데도 의료계는 여전히 담배 연기로 콜레라Cholera[39]를 막을 수 있다고 믿었다. 어이없이 들리겠

---

35 '꼭 닮은 사람'을 뜻한다.
36 뜻밖의 사건 덕분에 화를 면하는 것을 뜻한다.
37 자정부터 아침 6시까지의 근무를 뜻한다.
38 담배에 들어있는 알칼로이드의 하나. 무색의 액체로, 빛이나 공기와 접촉하면 산화하여 갈색을 띠고, 알코올이나 에테르 따위에 잘 녹는다.
39 콜레라균에 의하여 일어나는 소화 계통 전염병. 급성 법정 전염병

지만, 이때는 모든 질병은 악취로 전염된다고 생각하던 세균설이 널리 퍼지기 전의 시대라는 걸 잊어서는 안 된다(말라리아Malaria[40]를 '나쁜 공기'로 부르던 시절이었다. 86페이지 〈천국의 냄새〉 참고). 의사는 콜레라가 발생할 때마다 공짜 담배를 나눠줬으며, 아이를 포함한 모든 감염자에게 콜레라 '독기Fume'를 없애려면 담배 연기로 방을 가득 채우라고 당부했다.

· 담배 연기를 투입하는 장치 ·

⚒ 관장의 유행

19세기 중반 훈증은 완전히 사라졌지만, 그 찌꺼기는 아직도 남아있다. 퓨미어Fumier(훈증하는 사람)가 사라지자 그간 서열이 낮았던 레모네이더Lemonader가 그 자리를 차지했다. 사람들은 예전에 하던 훈증이 익숙해서 습관이 되었고, '담배 연기 훈증은 그만두더라도 레모네이드로 씻는 것은 좋지 않을까'라고 생각했다. 고대 이집트와 그리스인은 이런 색다른 '위생Hygiene' 방법을 좋아했던 증거가 남아있다. 이 시대에도 장을 레모네이드로 세척하려는 이상한 위생 방법이 유행하기 시작했다. 최근 웨일즈 왕세자비가 옹호한 것처럼 매주 3번씩 '왕실 세척Royal Flush'에 각각 살균된 12갤런약 45리터의 물을 사용하였다.

16세기에 잘못 전해지는 바람에 옛날 사람들이 훈증하러 다닌 것처럼, 오늘날에는 많은 돈을 벌어들이는 관장 클리닉 산업으로 발전하여 현대인이 즐기는 상황이다. 옛날에는 훈증이 사람을 실제로 치료한다고 생각했기 때문에 사실을 몰랐던 것을 용서받을 수 있다.

---

40 말라리아 병원충을 가진 학질모기에게 물려서 감염되는 법정 전염병

하지만 현대에 대장 관장을 권장하는 사람은 절대 그렇지 않다. 그런 사람은 대장 내벽에 달라붙은 숙변으로 점점 체내에 독소가 쌓인다고 환자에게 거짓 말하는 것이다.

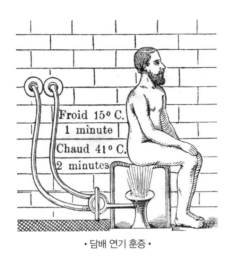

· 담배 연기 훈증 ·

기록이 시작된 이후 어떤 부검에서도 관장을 뒷받침할 증거를 발견하지 못했다. 관장은 무의미하고 위험한 습관이며 태아 감염, 장벽 천공, 심부전까지 일으킬 수 있다. 개인적으로 독한 에일Ale 맥주 6파인트3400cc를 몸의 반대쪽 끝에 한 번에 투입하는 게 더 안전하고 즐겁다고 생각한다.

06
이봐, 이봐,
우리가 원숭이야?

원숭이 고환으로 정력을 회복할 수 있다.

몇 세기 동안이나 사람은, 더 정확히 말하면 남자는 여자를 성적으로 흥분시켜서 유혹하거나 혹사한 허리를 회복시키는 물질을 찾고 있다. 20세기 후반 정확히 최음제는 아니지만, 비아그라Viagra가 발명되기 전까지 가장 유명한 최음제는 스패니쉬 플라이Spanish Fly였다. 딱정벌레 날개로 만든 이 최음제는 로마 시대부터 피곤하거나 음탕한 사람이 남용하였다.

• 도움의 손길(스패니쉬 플라이 최음제) •

그 명성을 어떻게 지켰는지 모르겠지만, 미스터리에 쌓인 최음제 효과는 비뇨기의 자극 정도였으며, 구토, 설사, 영구적인 신장 손상에서 심장 부정맥, 사망까지 이르는 부작용이 있었다. 스패니쉬 플라이는 사람을 흥분시키는 게 아니라 로마 난교도 썰렁하게 만들었을 것이다. 하지만 아직도 아슬아슬한 스릴을 좋아하는 사람에게 인터넷에서 액상이나 알약의 형태로 팔고 있다.

🦿 사랑의 과일

수 세기 동안 사람들은 다양한 음식이 잠시나마 최음제 효과가 있다고 믿었다. 16세기 스페인 탐험가는 멕시코에 치렁치렁 열리는 아보카도^Avocado^에 눈길을 빼앗겼다. 특히 '아보카도'가 현지어로 '고환'을 의미한다는 말을 들었을 때 이상한 생각에 빠져들었다. 호색적인 정복자는 곧바로 이 과일을 자신의 나라로 가져갔고, 어리석은 노인이 일광욕하면서 생식기에 바를 수 있는 반죽으로 만들었다. 물론 으깬 아보카도로 아무런 효과도 얻지 못했지만, 멕시코인은 그런 우스운 이야기를 듣고 웃는 것으로 끝나지 않았다.

🦿 고환 치료

정력 회복 연구는 계속되었다. 윤리와 담을 쌓은 러시아 출신 프랑스 외과의 세르게이 보로노프^Serge Voronoff(1866~1951)^는 그의 동포인 일리야 이바노프^Ilya Ivanov^(100페이지 〈겉보기엔 그럴듯한 기원〉에서 '단계적 개입' 참고)와 함께 전 세계 수백만 명의 죽음에 책임이 있는 인물이다.

1889년 보로노프는 지금까지 아무도 실험하지 않은 방법으로 노화 방지 연구를 시작하였다. 개와 기니피그^Guinea pig^[41]의 고환에서 추출한 물질을 자신의 몸에 주입하는 방법을 연습하기 시작하였다. 별다른 효과를 보지 못한 보로노프는 '같은 동물'의 신경 조직을 이식하기 시작했고, 정력 감퇴에서 조현병[42]까지 고칠 수 있는 치료법이라는 논문을 발표하였다. 유럽과 미국의 의료계는 보로노프의 발견에 확실한 증거를 요구하지 않고 순수하게 받아들였다.

---

41 페루가 원산지이며 생물학, 의학의 실험동물로 널리 쓰인다. 애완용으로 기르며, 속칭으로 '모르모트'라고도 한다.
42 사고의 장애나 감정, 의지, 충동 따위의 이상으로 인한 인격 분열의 증상이다.

겸손한 토마토

토마토는 한때 효과 좋은 최음제라는 불명예를 가지고 있었다. 무어인이 유럽에 토마토를 소개하였고, 프랑스인은 무어의 사과Pomme de Moor라고 불렀다. 영국인은 이것을 사랑의 사과Pomme d'amour로 잘못 알아듣고 그냥 단정하고 말았다. 게다가 중세 교회는 토마토에 실제 독성이 있다는 소문을 퍼뜨렸다.

토마토는 벨라도나Belladonna[43] 열매와 비슷해서 토마토에 독성이 있다는 생각은 의료계의 정설이었다. 이 생각은 1597년 출판된 존 제라드John Gerard의 『더 허벌The Herball』이라는 책을 통해 16세기 사람들의 머리에 새겨졌고, 세대를 거치면서 모든 사람이 토마토를 싫어했다. 교회가 다른 문제에 관심을 가진 지 한참 후에도, 의료계는 두세 개의 토마토를 먹으면 금방 죽는다는 견해를 여전히 유지하였다. 18세기 초중반이 되어서야 위험을 무릅쓴 어떤 사람 덕분에 간단한 실증 실험으로 토마토에 대한 오해가 풀렸다.

미국인은 19세기 초까지 토마토에 독성이 있다고 굳게 믿었다. 전해지는 이야기에 따르면, 1820년 9월 26일 로버트 기번 존슨Robert Gibbon Johnson 대령은 미국 세일럼Salem[44]의 옛 법원 계단 앞에 모인 많은 군중 앞에서 토마토 한 바구니를 모두 먹어버렸다.

1920년대 초반 보로노프는 사형수의 고환을 돈 많고 속이기 쉬운 사람에게 이식하기 시작했다. 수요에 공급이 미치지 못하자 원숭이 고환을 사용하기 시작했고, 부유층과 유명 인사의 음낭에 얇게 자른 원숭이 고환의 신경 조직을 이식하였다. 1922년까지 원숭이 신경 조직 이식은 의료계에서 화제가 되었다. 보로노프는 터키공화국의 초대 대통령 케말 아타튀르크Kemal Ataturk를 비롯한 여러 국가 원수와 높은 신분의 사람을 수술했을 뿐만 아니라, 다른 의사나 다른 외과의에게 수술 방법을 전수해주고 부자가 되었다. 그의 어리석은 짓은 유럽과 미국까지 번졌다.

유럽과 미국 전역의 국제외과협회International Congress of Surgeons 고위직 대표가 700명 이상 모이는 1923년 런던회의에서는 보로노프를 '정력 회복의 아버지'로 초청했다. 하지만 참석자 중 그 누구도 이 명의가 조금 늙고 머리가 벗겨지고 있다는 것을 알아차리지 못했다. 알고 있다 하더라도 어떤 사람도 '의사야, 네 병이나 고쳐라!Physician, heal thyself'[45]라고 외칠 용기가 없었다.

---

43 가짓과의 여러해살이풀. 독이 많으며 잎은 진통제로 쓰인다.
44 미국 오리건 주에 있는 도시. 농산물의 집산지이며 농산물 가공업이 발달하였다.
45 루카 복음서 4장 23절

그때는 좋은 아이디어였지만······.

1780년대 후반 호주에 토끼가 들어왔다. 100년 후 지나치게 늘어난 토끼를 줄이려고 여우를 들여왔지만, 여우는 토끼가 아니라 양을 잡아먹었다. 결국 1950년대에 토끼를 없애려고 지독한 점액종증Myxomatosis[46]을 발병시켰다. 처음으로 되돌리려고 했지만, 사람들은 절대로 하지 말아야 할 행동을 하고 말았다.

🐜 실망스러운 결과

1930년에 이르기까지 보로노프는 프랑스에서만 500명이 넘는 부유한 환자의 음낭에 원숭이 고환의 신경조직을 이식하면서 자신의 능력을 너무 믿어버렸다. 보로노프는 시장을 확대하려고 노화를 두려워하는 여성에게 원숭이 난소를 이식하기 시작했다. 처음에는 '영원한 아름다움'이라는 당근에 매료되어 그의 수술실로 여성들이 몰려들었다. 하지만 결과는 실망스러웠다. 보로노프의 여성 환자 중 누구도 자연 노화를 눈에 띄게 늦출 수 있었던 사람은 한 명도 없었다. 엎친 데 덮친 격으로 1920년대 초반 보로노프가 수술했던 남성 환자들이 점점 죽기 시작했다. 환멸과 비난의 목소리가 점점 커지고 있었다.

그 무렵 보로노프는 사람의 난소를 암컷 원숭이에게 이식한 것과 그것을 사람의 정자로 수정한 것이 발각되었다. 이것은 그를 추앙하는 대중이 볼 때에도 지나친 행동이었다. 지금까지 이익을 얻으려고 아첨을 일삼던 의료계는 돌아가기엔 이미 늦었지만, 보로노프의 방법이나 주장에 가혹한 회의론의 빛이 비추기 시작하였다.

1930년대 후반 보로노프의 초기 환자는 대부분 죽었고, 그중 늦은 나이에 아이를 낳았거나 평균 수명을 넘긴 사람은 아무도 없었다. 뿐만 아니라 이제 남성 호르몬 테스토스테론Testosterone의 합성이 가능하였고, 직접 주입해서 비교하는 실험이 가능하였다. 보로노프는 이 실험 결과의 실패를 예상하고, 스위스에서 호화로운 은퇴 생활을 조용히 준비하였다.

---

46 토끼 전염병

보로노프의 예상대로 가축이 다시 젊어졌다는 어떤 실험도 재현할 수 없었다. 이 속이 뻔히 보이는 행동은 단 하나의 골치 아픈 일이 없었다면 아주 재미있는 일로 남았을 것이다. 현대의 재앙인 HIV[47]는 1980년대에 시작된 병이 아니다(101페이지 〈겉보기엔 그럴듯한 기원〉에서 '끔찍한 결과' 참고). 1920년대 후반, 비슷한 질병인 SIV[48]가 종의 벽을 뛰어넘어 처음 발생한 것이다. 놀랄 것도 없이 의료 분야 관계자와 연구원 상당수는 원숭이 고환을 인간에게 이식한 것이 영향을 준 것으로 생각하였다.

---

47 인간 면역 결핍 바이러스(Human Immunodeficiency Virus). 후천성 면역 결핍증의 병원체가 되는 바이러스이다.
48 유인원 면역 결핍 바이러스(Simian Immunodeficiency Virus)

07
멘델부터 멩겔레까지

인간의 번식 선택으로 사회에서 약자를 걸러 낼 수 있다.

찰스 다윈Charles Darwin(1809~1882)은 자신의 책이 먼 훗날까지 영향을 미칠 거라는 생각을 절대 못했을 것이다. 단기적으로도 그 예상 밖의 상황은 엄청 심각하였다. 그의 책을 제대로 읽지도 않은 교회 신자나 영문도 모르고 그를 반대하는 사람이 다윈이 인간을 원숭이 후손이라고 발표했다고 다윈을 비난하였다. 하지만 다윈은 그렇게 추정한 적이 없었다. 장기적으로 그 영향은 훨씬 더 심각하였다. 다윈이 만들었다는 '적자생존Survival of the fittest'이란 단어를 각종 차별 정책 중 특히, 우생학Eugenics이라는 아주 새로운 개념의 '과학'을 정당화하는 데에 사용하였다. 다윈은 사실 적자생존이란 단어를 쓰지 않았다. 이 단어를 처음 사용한 사람은 영국의 생물학자, 철학자이자 사회학자인 허버트 스펜서Herbert Spencer(1820~1903)이며, 사실 이 말은 약한 생물이건 강한 생물이건 환경에 가장 잘 적응한 생물만이 살아남는다는 것을 의미했다.

🏛 우생학의 탄생

다윈의 연구를 참고한 가장 의심스러운 과학적 사고는 범죄 수사에 지문 도입을 주장했던 그의 사촌 프랜시스 골턴Francis Galton(1822~1911)이 다윈의 연구를 바탕으로 우생학의 기초를 정립한 것이다. 우생학은 그리스어 유제네스 Eugenes(고귀한 인종이나 출신)에서 유래한 것으로, 우수한 자질을 갖춘 아이가 태어날 가능성을 높이기 위해 출산을 관리해야 한다는 주장이다.

많은 지식인과 마찬가지로, 다윈 또한 자신의 말이 어떤 사건을 불러 일으킬지 모르고 생각 없이 말했다. 그는 『인간의 유래와 성 선택The Descent of Man, and Selection in Relation to Sex(1882)』에서 의학이나 과학의 발전이 허약하고 비생산적인 인간을 생존하고 번식할 수 있도록 도와주겠지만, 가혹한 환경에서는 자연스럽게 멸종할거라고 말했다. 다윈은 다음과 같은 말을 통해 훨훨 타는 불에 기름을 부었다.

> "이와 같이 문명사회의 약자도 종을 늘리고 있다······. 가축 번식을 아는 사람이라면 이것이 인류에게 나쁘다는 것을 의심하지 않을 것이다······. 그러나 허약하고 비생산적인 사회 구성원이 자유롭게 결혼할 수 없는 것을 보면, 적어도 한 번은 번식 억제에 도움이 되는 장치가 확실하게 작동하는 것으로 생각된다. 이 번식 억제는 몸이나 마음이 허약한 사람들이 결혼을 자제하면 무한하게 증가할 수 있으며, 기대한 것보다 더 희망적이다."

골턴은 몇 달 동안 그의 사촌 책을 읽은 다음에 인류 미래에 대한 자신의 견해를 밝혔다. 이런 쓸모없는 사람들이 모두 없어진다면 영국 사회와 전 세계는 분명 엄청난 이익을 얻을 것이라는 생각을 가지고 그는 「인간의 능력과 그 발달 연구Inquiries into Human Faculty and its Development(1883)」에서 우생학이라는 말을 처음 만들었다.

• 우생학이 세상을 움직인다. 미국 풍자 잡지 「퍽Puck」의 표지(1913년 6월) •

⚒ 유전이 열쇠를 쥐고 있다.

모든 것이 완벽하게 이치에 맞았다. 사육장에서는 으레 가장 강하고 영리한 수캐와 가장 아름답고 영리한 암캐를 교배하였고, 순종을 지키기 위해 수세기 동안 지켜온 원칙은 말에게도 적용됐다. 유전학의 새로운 발견은 골턴의 연구에 도움을 주었다. 그레고어 멘델의 완두콩 실험(50페이지 참고)으로 유전이 어떻게 이루어지는지 이해할 수 있었다. 멘델이 반대 형질을 가진다고 정의한 긴 줄기와 짧은 줄기를 가진 완두콩을 교배하면 평균 높이의 완두콩이 아니라 긴 줄기의 완두콩이 태어났다. 멘델의 발견은 부모의 형질이 혼합된 유전자를 물려받는다고 믿었던 당시 과학적 사고에 대한 명백한 도전으로, 우성의 유전 형질이 변경되지 않고 자손에게 유전될 수 있다는 것이었다. 골턴의 우생학은 멘델의 발견을 인류에 적용한 것이다. 왜 선택적으로 우성을 낳지 않고 유전자 중에서 가장 나쁜 열성을 제거하지 않을까?

골턴은 결함이 있는 사람을 죽여야 한다고 말하지는 않았지만, 더 많은 자식을 만들지 못하도록 거세해야 한다고 주장했다. 숭고한 정신, 지성, 예술적 재능은 유전되는 것이고, 무능, 허약, 호색, 주정, 범죄 성향도 틀림없이 유전된다고 주장했다. 순종 개와 순종 말을 선별하여 번식하는 것과 마찬가지라고 생각했다. 골턴은 여러 세대가 지나면 범죄나 반사회적 행동은 과거의 일이 될 것이며, 영국은 점점 재능 있는 아이가 늘어나고 즐거운 사람들로 가득 찰 거라고 확신했다.

유전학의 아버지

브르노Brno에 있는 성 토마스 성당의 아우구스티노 수도회Augustine Abbey 대수도원장인 그레고어 멘델Gregor Mendel(1822~1884)은 수도원에서 재배한 완두콩으로 실험하였고, 그 발견으로 죽은 다음에야 유전학의 개척자로 인정받았다. 멘델은 1856년부터 1863년까지 실험하였고, 그 결과 두 개의 유전법칙을 발견하였다.

첫 번째 법칙은 분리 법칙The Law of Segregation으로 같은 형질의 두 가지 대립 유전자를 하나는 어머니에게서, 하나는 아버지에게서 물려받는다는 것이다. 이 대립 유전자의 어느 쪽이 우성인가로 아이의 형질이 결정된다. 두 번째 법칙은 독립 법칙The Law of Independent Assortment으로 다른 형질의 다른 유전자는 서로 다르게 전달된다는 것이다. 멘델이 1866년에 연구 결과를 발표했을 때 모두 비웃었지만 세기가 바뀌고 나서야 '유전학의 아버지'로 재조명되었다.

🏛 골턴의 지지자

유럽과 미국에서 많은 유명 인사가 골턴의 깃발 아래 경쟁하듯이 모여들었다. 윈스턴 처칠Winston Churchill과 시어도어 루스벨트Theodore Roosevelt를 비롯한 정치인은 물론이고, 산아 제한 운동가 마리 스토프스Marie Stopes와 마거릿 생어 Margaret Sanger 등이 골턴을 열렬히 지지했다. 존 메이너드 케인스John Maynard Keynes와 런던경제대학London School of Economics, LSE[49]의 설립자 시드니 웨브 Sidney Webb와 같은 경제학자는 계속해서 늘어나는 비생산적인 사람을 지원하는 것은 사회 경제에 부담이므로 사회적 족쇄를 풀어야 도움이 된다고 생각했다. 도덕성과 식용 섬유를 지지한 미국인 존 하비 켈로그John Harvey Kellogg도 인종의 순수성을 개선하는 활동을 지지했다. 사실 켈로그Kellogg Company 의 가장 유명한 제품[50]은 자위행위를 억제하는 제품으로 기획되었다. 켈로그는 단조로운 식단이 욕망을 감소시킨다고 생각했다.

🏛 좌익의 지지

오늘날 많은 사람이 우생학 운동을 밀어붙인 것은 우익 세력이라고 무조건 단정하는데 이것은 사실과 다르다. 영국 노동당의 모체인 페이비언 사회당Fabian Society 당원은 모두 열렬히 우생학을 지지하였고, 그중에는 아일랜드 시인이며 극작가인 W. B. 예이츠W. B. Yeats(1865~1939), 여성 참정권 운동 지도자 에멀린 팽크허스트Emmeline Pankhurst(1858~1928), 노동당 출신 총리 램지 맥도널드 Ramsay MacDonald(1866~1937), 경제학자이자 사회 개혁가인 윌리엄 베버리지William Beveridge(1879~1963)가 있었다.

아일랜드 극작가이자 런던경제대학의 공동 설립자인 조지 버나드 쇼George Bernard Shaw(1856~1950)는 사회 진화론Social Darwinism과 '인간의 선별 출산'에 사회주의 미래가 있다고 확신했다.

---

49 영국 런던에 있는 세계적인 명문 공립대학으로 런던대학교의 단과대학. 현재는 런던정치경제대학(London School of Economics sand Political Science)이다.
50 콘플레이크. 옥수숫가루에 소금, 설탕, 꿀 따위를 넣어 얇게 가공하여 만든 식품. 우유에 타서 먹거나 크림 따위를 발라 간단한 아침 식사나 유아식으로 많이 이용한다.

철학자 버트런드 러셀Bertrand Russell(1872~1970)은 한 걸음 더 나아가 국가는 모든 사람에게 색으로 구분된 '출산표Procreation ticket'를 발행해야 한다고 제안했다. 다른 색의 표를 가진 상대와 성관계를 가진 사람은 '유전 위반Genetic treason'으로 벌금을 부과하거나, 금고형에 처해야 한다는 것이었다.

모두를 위한 복지 속에서

윌리엄 베버리지는 1942년 영국 사회 보장 제도British Welfare State를 이끌어낸 보고서를 작성한 친절한 남자의 인상을 지니고 있다. 하지만 오늘날 영국 사회 보장 제도는 베버리지가 생각한 제도와 다르다. 그는 일자리를 찾지 못하는 사람을 국가가 지원해야 한다고 생각했지만 혜택을 받은 사람은 '선거권과 자유, 친권을 포함한 모든 시민의 권리'도 잃어야 한다고 생각했다.

베버리지의 계획은 상류층과 중산층의 출산을 독려하기 위해 하층민보다 상류층에게 훨씬 더 많은 혜택을 주어 하층민의 출산을 억제하는 공적 지원 제도를 만드는 것이었다. 베버리지 보고서가 웨스트민스터Westminster[51]에서 논의되던 바로 그날 밤, 베버리지는 아직 마음을 결정하지 못한 의원을 설득하려고 우생학협회Eugenics Society에서 이 보고서를 반드시 채택해야 한다고 연설했다. 다행히 1945년 채택한 보고서는 이 보고서와 다른 것이었다.

🚂 캘리포니아 드리밍[52]

그 사이, 미국에서도 우생학은 상당한 기세를 모았으며, 우생학을 끔찍한 논리에 갖다 붙인 히틀러에게까지 영향을 주었다. 금발에 푸른 눈을 가진 북유럽계가 우월 종족Super-race이라는 생각은 히틀러가 처음 생각한 것은 아니다. 그는 1909년에 시작된 캘리포니아 우생학 연구Californian eugenics programme에서 그 개념을 얻었다. 캘리포니아주는 미국 전역에서 최초로 우생학을 법으로 제정한 주였다. 캘리포니아주의 우생 정책은 '부적격자Unfit individuals'[53]를 강제 격리하고 불임시키거나 결혼을 제한하는 법률을 인정했다. '부적격자'의 정의는 명확하지 않았다. 우생 정책이 미국에서 없어질 때까지 6만 명 이상의 부적격자를 강제로 불임시켰고, 많은 결혼을 불법으로 판결하였다.

---

51 국회 의사당이 있는 영국 런던시 템스강 북쪽 기슭에 있는 자치구
52 헛된 꿈
53 1997년 SF 영화 〈가타카(Gattaca)〉에서 'in-valids'로 표현하기도 하였다.

캘리포니아주에서만 전체의 약 3분의 1을 차지하였다.

미국의 우생 정책은 카네기연구소Carnegie Institution와 록펠러재단Rockefeller Foundation을 비롯한 수많은 산업체의 재정 지원이 없었다면 절대 유지되지 않았을 것이다. 대다수의 아이비리그Ivy League[54] 연구소도 우생 정책을 구두로 지지하였다. 스탠퍼드대학교Stanford University 학장 데이비드 스타 조던David Starr Jordan은 1902년에 우생학 운동을 지지하는 『국가의 피Blood of a Nation』를 간행하였다. 1904년 카네기연구소는 롱아일랜드 연구소 단지의 우생학기록사무소Eugenics Records Office, ERO에 자금을 지원하기 시작했다. 우생학기록사무소ERO는 거기에 있는 수백만 장의 색인 카드에 미국 시민의 가계도와 유전 형질을 기록하였고 우생법 확대, 불임 계획 강화와 확대에 대한 요구가 성공적이라는 것을 정당화하려고 이용하였다. 컴퓨터 기술 회사인 IBM[55]은 나중에 이 기록 보관 방법을 이용하여 펀치 카드 시스템을 개발하였고, 히틀러가 우생 정책을 실행하는데 도움을 주었다. 수용소 수감자의 팔 안쪽에 새긴 악명 높은 문신은 단지 식별 번호가 아니라 '네덜란드인, 공산주의자, 목수'와 같이 그들의 인종Race, 성향Deviancy, 능력Skill을 암호화한 IBM 번호였다.

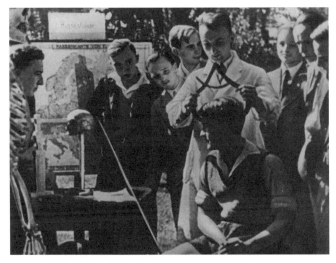

• 1965년 영화 〈평범한 파시즘Ordinary Fascism〉에서 아리안의 형질을 검사하려고 한 남자의 머리를 측정하고 있다. •

---

54 미국 동북부에 있는 여덟 개의 명문 대학을 통틀어 이르는 말. 예일, 코넬, 컬럼비아, 다트머스, 하버드, 브라운, 프린스턴, 펜실베이니아 대학이다.
55 국제사무기기회사. IBM은 International Business Machines Corporation의 머리글자이다.

🏴 우생 살인 EUGENICIDE

1911년 카네기연구소의 지원으로 미국 육종가협회American Breeders' Association 가 「장애가 있는 미국 시민의 출산을 억제하는 최선의 실천적 수단The Best Practical Means for Cutting off the Defective Germ-Plasm in the Human Population」이란 예비 보고서를 발표하면서 미국 우생학은 세상을 아주 어둡게 만들었다. 이 보고서는 모두 18항으로 구성되었으며, 그중 제8항은 가장 절망적인 인간의 안락사를 검토한 것이었다. 이 보고서에서 검토한 '우생 살인 방법Eugenicide'은 가스실이었으며, 이 용어와 방법은 너무 괴로울 정도로 많이 들어봤을 것이다.[56]

1918년 유명한 우생학자인 미국 육군의 성병 전문의 폴 파페노Paul Popenoe(1888~1979)는 로즈웰 H. 존슨Roswell H. Johnson과 공동으로 『응용 우생학Applied Eugenics』이라는 책을 썼다. 그는 이 책에서 '역사적으로 처음 만들어진 방법은 처형이었으며, 인종 표준Standard of the race을 유지한다는 의미에서 그 중요성을 과소평가해서는 안 된다.'고 주장했다. 파페노의 주장은 고대 로마와 스파르타의 신생아 살인Infanticide이 허약하거나 몸에 이상 있는 신생아를 처형하여 국가 부담을 덜어주는 산아 제한 수단이며, 이것은 하나의 모델로서 반드시 검토할 가치가 있다는 것이었다.

🏴 벅 대 벨(Buck vs Bell)

우생학이라는 '과학'은 1928년 미국 대법원이 벅 대 벨Buck vs Bell이라는 역사적 재판에서 부적격자 강제 불임을 추진하는 법률을 지지하기로 했을 때까지 전혀 사라질 기미가 보이지 않았다. 캐리 벅Carrie Buck(1906~1983)을 중심으로 진행된 이 재판은 강간 사건이 일어난 후 양부모 존John과 앨리스 돕스Alice Dobbs가 버지니아 주립 간질 환자 및 지적 장애인 시설Virginia State Colony for Epileptics and the Feeble-Minded에 캐리를 입소시키면서 시작되었다. 그의 조카가 유력한 용의자가 되자 돕스 가족은 캐리를 무능하고 문란하다고 말했고, 우생학 단체는 그녀의 강제 불임을 강력하게 요구했다. 돕스 부부는 그녀의

---

56 제2차 세계대전에서 독일의 나치는 강제 수용소를 설치하여 400만 명 이상의 유대인 및 폴란드인을 독가스 등으로 학살하였다.

생모도 문란하고 비정상이라고 주장했으며, 법원은 이 모략을 의심 없이 받아들였다.

이 재판은 저명한 의사이자 작가이자 시인인 올리버 웬들 홈스Oliver Wendell Holmes 판사가 맡았다. 그는 강제 불임이 정당하다고 인정했고, '타락한 아이가 범죄를 저지르고 처형되기를 기다리거나, 저능한 인간이 굶어 죽는 것을 기다리는 대신에 사회는 부적격자가 번식하는 것을 확실하게 막는 것이 모든 세상을 위해 훨씬 낫다. 저능한 인간은 3세대로 충분하다.'라고 말했다.

이 판결은 불공평하고 사실이 아니었다. 강간으로 태어난 아이 비비안Vivian은 완전히 정상이었고 학교 성적도 좋았지만, 여덟 살 때 장염으로 죽었다. 그런데도 캐리의 다른 친척은 계속 감시받았다. 아마도 우생학기록사무소ERO의 소행이었을 것이다. 캐리의 여동생 도리스Doris가 맹장 수술로 입원했을 때 외과의는 그녀가 '붉은 깃발Red flag[57]' 상태라는 것을 알고, '사회가 오염되는 것을 막기 위해' 마취해서 자는 동안 불임 수술도 함께 시술하였다.

비참한 것은 도리스가 마취에서 깬 후에도 이 사실을 알지 못했다는 것이다. 나중에 그녀가 결혼하고 임신을 못하자 의사와 상담하면서 모든 것이 밝혀졌다. 캐리는 70대까지 살았고, 평생 책을 읽었다. 그녀를 만난 사람 중 그녀가 '정신 질환자'라고 생각하는 사람은 아무도 없었다. 홈스 판사의 부끄러운 판결문은 나중에 뉘른베르크Nuremberg 전범 재판[58]에서 나치의 변호사가 인용하여 미국 재판관에게 돌려주었다.

천생연분

1934년 미국 새크라멘토Sacramento의 캘리포니아주립대학교California State University 설립자로 캘리포니아 우생 정책Californian eugenics programme의 주동자인 찰스 M. 괴테Charles M. Goethe(1875~1966)는 독일에서 초청받아 우생학 운동의 발전을 시찰하였다. 독일 인구는 미국보다 훨씬 적었지만 불임 시술은 매달 5천 건을 이미 넘어섰다. 캘리포니아로 돌아온 괴테는 축하 메시지를 보내려고 동

---

57 '주의 필요'를 의미한다.
58 1945~1949년에 뉘른베르크에서 있었던 제2차 세계대전 후 연합군에 의한 전범 재판

료 우생학 위원들을 모았다.

"여러분의 연구가 히틀러를 지지하는 두뇌 집단의 사상을 형성하는 데에 얼마나 영향을 주었는지 궁금할 것입니다. 저는 어디를 가든 그들의 사상이 미국 혁신 정책의 지대한 영향을 받았다는 것을 느꼈습니다. 친애하는 동료 여러분! 나는 여러분의 남은 인생까지 이 생각이 함께하기를 바랍니다. 여러분은 6천만 명의 위대한 정부를 일깨웠습니다."

분명히 그들은 스스로 자랑스럽게 생각했다.

그러나 사실, 이전에는 숨겨왔지만 이미 우생 정책이 정착한 미국과 독일의 가장 어두운 관계는 록펠러재단이 독일 우생 정책의 정착을 도와주면서 만들어졌다. 이 재단은 독일의 여러 가지 수상한 연구 프로젝트에 약 400만 달러(현재 가치)를 기부했다. 베를린에 있던 인류학, 인간 유전, 우생학을 연구하는 카이저빌헬름연구소Kaiser Wilhelm Institute, KWG는 가장 큰 수혜자였다.

오랫동안 진행된 미국 우생학협회의 수상한 쌍둥이 실험은 좌절되었지만 히틀러를 이용하여 실험을 재개할 기회를 엿보고 있었다. 1932년 5월 13일 록펠러재단 뉴욕 사무소는 파리 사무소에 다음과 같이 서한을 보냈다.

"6월 간부회의, 쌍둥이에게 유해 물질을 투여하는 차세대 연구에 3년 동안 9천 달러를 KWG 인류학 연구소에 지원."

당시 카이저빌헬름연구소 소장은 미국 우생학협회에 잘 알려진 오트마 프라헤르 본 베르슈어르Otmar Freiherr von Verschuer(1896~1969)였고, 그의 조수인 요제프 멩겔레Josef Mengele(1911~1979)와 카린 마그누센Karin Magnussen(1908~1997)은 나중에 각각 악명을 떨치게 된다. 베르슈어르의 지도와 록펠러의 자금으로 멩겔레는 나치 친위대와 아우슈비츠Auschwitz[59]를 이끌었으며, 입에 담을 수 없는 쌍둥이 실험을 시작하였다.

제2차 세계대전이 임박하자 록펠러재단은 모든 자금을 중단했지만 베르슈어르와 멩겔레는 이미 주도권을 가져와서 그들 자신의 의지로 실험할 수 있었다.

---

59 폴란드 남부, 크라쿠프 지방에 있는 화학 공업 도시. 제2차 세계대전 때 나치의 강제 수용소가 설치되어 400만 명 이상의 유대인 및 폴란드인이 학살된 곳이다.

아우슈비츠에서 멩겔레는 쌍둥이를 티푸스[60]에서 매독까지 모든 병에 감염시키고, 다양한 피부와 혈액 표본을 베르슈어르에게 보냈다. 그는 마그누센에게 쌍둥이 안구를 보냈는데, 그녀는 서로 다른 색을 가진 쌍둥이 눈에 특별히 관심을 가졌다. 놀랍게도 베르슈어르와 마그누센은 범죄를 뒷받침하는 많은 증거에도 불구하고 둘 다 전범으로 고발당하지 않았다.

당신이 모르는 과학의 진실

* 팔이 저리는 것은 피가 안 통해서 그런 것이 아니다.
* 안구는 치료 목적으로 꺼내거나 다시 넣을 수 없다.
* 설탕은 아이를 과민하게 만들지 않는다.

전쟁이 끝난 1946년 7월 파페노와 베르슈어르는 연락을 재개하고, 파페노는 베르슈어르에게 다음과 같이 연락했다.

"당신에게 다시 편지를 받아 매우 기쁩니다. 저는 독일에 있는 동료들을 많이 걱정하고 있었습니다. 이제 그쪽에서 불임 수술은 계속할 수 없겠지요?"

어떤 사람은 정말 포기해야 할 때를 모른다!

수많은 미국과 독일의 우생학자처럼 베르슈어르는 유전학자Geneticist로 탈바꿈하는 데 성공하였다. 독일 뮌스터대학교University of Münster에서 편안한 교수직을 맡았고, 미국 인류유전학협회American Society of Human Genetics의 주요 회원이 되었으며, 그가 죽을 때까지 전쟁 중 받은 미국 우생학협회American Eugenics Society 회원 자격을 유지했다.

⚒ 연구는 계속된다.

만일 사람이 경험에서 배우는 게 한 가지가 있다면 사람은 경험에서 아무것도 배우지 못한다는 것이다. 우생학Eugenics은 이미 죽었다. 그러나 '새로운 유전학Newgenics'이 시작되었다. 최근 발전한 유전학은 완벽한 인간의 문턱에 서서 다시 우리를 보고 있다.

---

60 티푸스(Typhus)의 균이나 병원체가 일으키는 병

'선택 취소De-selection'는 놀라울 정도로 무해해보이지만 2010년 영국에서만 정신적, 신체적 장애가 있는 태아의 낙태 시술이 2,300건이나 이루어졌다.

누구나 너무 쉽게 그 길에 이끌린다는 것이 문제다. 누가 살고 누가 죽는가를 누가 결정하고, 누가 그 조건을 결정할 것인가? 그런 결정을 내리는 것이 옳다고 생각하는 모든 사람은 먼저 멩겔레가 유전 형질이 나쁘다고 생각하는 사람에게 도대체 무슨 짓을 했고, 어떻게 버렸는지 볼수 있는 모든 영상을 봐야 한다. 그런 흉측한 범죄 행위는 수백 년이 지난 일이 아니다. 다른 별에서 일어난 일도 아니다. 멩겔레의 실험은 유럽 땅에서 불과 65년 전에 일어난 일이다.

08
한결같은 어리석음

지구는 평평하다.

지구 평면설을 생각하면 1492년 스페인이 카리브 해Caribbean Sea 섬을 정복하려고 보낸 크리스토퍼 콜럼버스Christopher Columbus의 역사적인 항해를 앞에 두고 세상의 끝에 떨어질 거라고 비웃었던 사람들이 먼저 떠오른다.

실제로 콜럼버스가 살던 시대에 세계가 평평하다고 생각한 사람은 거의 없었다. 이 이야기는 19세기 중반 미국 작가 워싱턴 어빙Washington Irving(1783~1859)의 인기 소설 『크리스토퍼 콜럼버스의 인생과 항해The Life and Voyages of Christopher Columbus(1928)』에서 만들어졌다. 어빙은 소설에서 콜럼버스와 살라망카Salamanca[61] 위원회의 갈등을 완전히 왜곡했고, 지구가 평평하다고 주장하는 어리석은 성직자로 조작하는 데 기여했다.

사실 콜럼버스가 바다의 넓이를 너무 작게 잡고 있어서 살라망카 위원회가 반대하는 사건이 일어난 것이다. 위원회가 옳고 콜럼버스의 주장이 틀렸다. 세계는 콜럼버스가 추측한 것보다 두 배나 컸다.

---

61 스페인 북서부, 카스티야이레온 지방에 있는 도시. 상업, 문화의 중심지로, 제분, 양조, 가죽 공업이 발달하였다. 12세기 성당 따위의 오래된 건물이 많으며, 특히 13세기에 세운 살라망카 대학이 있다.

• 왕궁에서 지구본을 가지고 설명하는 콜럼버스 •

그렇지만 지구가 평평하다는 생각은 먼 옛날부터 보편적이었으며, 아직도 집
착하는 사람이 있다. 아마도 어빙의 장난에 영감을 준 것은 중세 교회가 지구
평면설을 믿는 완고한 사람들로 넘쳐났기 때문일 것이다.

🐘 코끼리와 거북이

힌두교Hindu[62] 세계관은 지구는 바닥이 평평한 반구형이며, 네 마리의 코끼리가 그것을 짊어지고, 아래 거대한 거북이가 코끼리를 다시 짊어지고 끝없는 바다를 헤엄친다고 생각했다. 바빌로니아[63] 사람도 지구는 평평하다고 믿었다. 지구는 바다에 떠 있는 원반이며, 바다 끝은 하늘을 지탱하는 산으로 둘러싸였다고 생각했다. 고대 이집트인도 지구는 평평하고 직사각형 모양이라고 생각했다. 물론 그 중심은 이집트였다.

• 힌두교 우주관의 세상 •

마찬가지로 중세 유럽에서 지구 평면설을 믿는 사람은 성경(요한 묵시록 7장 1절) 때문에 지구는 평평하고 네모난 것으로 믿었다. 성경에 '그다음에 나는 네 천사가 땅의 네 모퉁이에 서서 땅의 네 바람을 붙잡고서는 땅에도, 바다에도 그 어떤 나무에도 바람이 불지 못하게 하는 것을 보았습니다.'라고 쓰여있었기 때문이다. 당시 성경을 의심하는 사람은 누구나 산 채로 화형당할 수 있었다. 제정신이라면 둥근 것에 네 모퉁이가 있다는 것이 이상하다고 금방 눈치를 채겠지만, 목숨이 아까운 사람은 현명하게 고개를 끄덕이고 지구가 평평하다고 말해버렸다.

---

62 인도의 토착 신앙과 브라만교가 융합한 종교 체계. 구원에 이르는 세 가지 길로 공덕, 지혜, 봉헌을 들고 있으며 사회 제도와의 연계가 특징이다.
63 메소포타미아의 동남부 유프라테스강과 티그리스강의 하류 지방. 메소포타미아 문명의 발상지이다.

🔨 역경을 이겨내고

지금 생각해보면, 왜 그런 어리석은 생각이 잘못된 증거가 있는데도 그냥 넘어갔는지 이해하는 것은 어려운 일이다. 고대 그리스 사람은 항구로 돌아오는 배가 돛대 끝만 보이다가, 다가올수록 나머지 부분이 조금씩 드러나는 것을 보고 지구가 둥근 것을 알아차렸다. 그들은 먼 거리를 항해하면서 자신의 위치가 바뀌면 별의 위치도 바뀌면서 위치에 따라 안 보이는 별도 있고, 새로 보이는 별도 있다는 것을 알고 있었다. 또한 아무리 멀리 항해했어도 수면에서 하늘까지 모든 주변의 기울기가 동일하게 유지되는 것을 발견했다. 이 원추형의 기울기를 '클리마Klima'라고 불렀는데 이것은 영어 단어 '오르다Climb'의 유래가 되었고, 원뿔 모양 안의 지역마다 날씨가 바뀌기 때문에 '기후Climate'라는 단어가 생겨났다. 중세에는 그리스인이 틀렸다고 생각하는 사람은 거의 없었지만, 자신의 삶을 사랑하는 사람은 교회에 맞설 준비가 되어있지 않았다.

교황 그레고리우스 1세Gregory the Great(540~604)는 지구 평면설을 비난하는 것은 이단으로 공개 선언했고, 16세기 교황 알렉산데르 6세Alexander VI(1431~1503)도 여전히 같은 태도를 유지했다. '로드리고 보르자'로 더 알려진 교황 알렉산데르 6세는 어느 정도 실용적인 지식과 철저한 정치적 생존 능력으로 강간과 살인에 대한 그의 입장과 기독교 윤리를 조화시키는 것은 전혀 어려움이 없었지만, 지식이 부족했다.

심판의 날

지구 평면설을 믿는 사람이 모두 가톨릭은 아니었다. 독일 수도사 마틴 루터Martin Luther(1483~1546)[64]는 오늘날 부드럽고 믿음이 깊으며 신중한 사람이라고 생각하지만 사실 그는 아주 불쾌하고 속이 좁은 반유대주의자였다. 그는 유대인에게 배설물을 퍼붓고 한 사람도 남김없이 마을에서 쫓아내야 한다고 생각했다. 또한 가난하고 억압받는 사람은 신이 심판한 것이므로 도와줄 필요가 없다고 생각했다. 극도로 시야가 좁은 루터는 지구 평면설을 믿었다. 그 이유는 심판의 날Judgement Day에 모든 인류가 그리스도의 재림The Second Coming을 목격해야 하는데, 만약 지구가 둥그렇다면 세계 인구의 대다수가 볼 수 없다는 것이었다.

---

64 독일의 종교 개혁자, 신학 교수. 1517년에 로마 교황청이 면죄부를 마구 파는 데에 분격하여 이에 대한 항의서 95개조를 발표하여 파문을 당하였으나 이에 굴복하지 않고 종교 개혁의 계기를 마련하였다. 1522년 비텐베르크 성에서 성경을 독일어로 완역하여 신교의 한 파를 창설하였다.

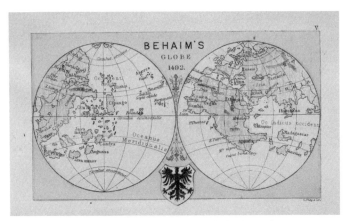

• 지구 평면설을 반박하는 1492년에 제작한 지구 그림 •

그는 또한 욕심이 너무 많았다. 1493년쯤 양대 가톨릭 국가, 스페인과 포르투갈은 대항해 시대Age of Discovery를 맞이하여 새로운 영토를 두고 지치지도 않고 싸우고 있었다. 양국이 싸우면 보르자의 바티칸 금고를 채울 수 없었다. 단순히 지구 평면설을 믿었던 보르자는 세계지도에 선(처음으로 경계선Demarcation Line이라고 불렀다.)을 긋고 포르투갈은 선의 동쪽을, 스페인은 서쪽을 가지라고 선언했다(경계선이 남미 대륙에 걸쳐 있었기 때문에 지금도 브라질은 포르투갈어를 사용하고, 다른 곳은 스페인어를 사용한다.). 그러나 포르투갈이 동쪽으로 항해를 계속하면 결국 서쪽에 도달한다는 것을 보르자는 알지 못했다.

🚢 죽음을 무릅쓴 사람

당시 지구 평면설이 잘못됐다고 말할 수 있었던 몇 안 되는 사람 중 한 명이 바로 포르투갈 탐험가 페르디난드 마젤란Ferdinand Magellan(1480~1521)이었다. 1519년 유명한 세계 일주를 떠나기 전 그는 다음과 같이 말했다.

"교회는 지구가 평평하다고 말하지만 나는 지구의 그림자가 달에 걸리는 것을 내 눈으로 보았다. 나는 교회를 믿느니 그 그림자를 믿겠다."

마젤란은 대담하게 말하고 망설이지 않고 바로 자신의 배를 타고 출항했다. 결국 세계 일주가 자주 이루어지면서 바티칸도 입장을 포기하고, 지구가 둥글다는 것을 인정했다. 그 뒤에도 지구가 평평하다는 생각은 주로 미국의 비주류 근본주의자들 사이에 명맥만 간신히 유지되었다. 지구의 형태Form와 윤곽Profile의 이상한 개념은 심지어 20세기까지도 살아남았다.

• 1498년 콜럼버스의 마가리타 섬Margarita Island 도착 •

🚃 밴드왜건에 올라타다.

이성적인 사람과는 거리가 먼 히틀러도 지구 평면설에 깊은 관심을 가졌다(뿐만 아니라 반대 학설인 지구 공동설에도 관심을 가졌다(122페이지 〈지하실에서 젖는 향수〉 참고). 히틀러는 결국 지구는 평평하진 않고 오목하다고 결론지었다. 그는 인류가 개미떼처럼 표면의 안쪽을 거꾸로 돌아다닌다고 믿었다. 이 개념을 확인하려고 독일 과학자 베르너 폰 브라운Wernher von Braun(1912~1977)에게 45도 각도로 로켓을 여러 발 발사하고 호주에 낙하하는지 확인하라고 명령했다. 중세 교회와 마찬가지로, 이때 히틀러는 절대 권력을 가졌기 때문에 폰 브라운은 진지하게 고개를 끄덕이고, 실패할 수밖에 없는 임무에 도전했다. 지구 반대편에 로켓이 낙하하지 않은 것을 보고하는 것이 두려웠던 폰 브라운은 히틀러에게 지구 평면설이 맞지만 로켓이 그것을 증명하는 데 필요한 추진력이 부족하다고 돌려서 말했다. 히틀러는 이해한 것처럼 보였고 폰 브라운은 급히 나갔다. 그러나 히틀러의 관심은 여기서 끝나지 않았다.

1942년 4월 히틀러는 지구 평면설을 증명하려고 다른 실험을 계획했다. 적외선 분야 전문가 하인츠 피셔Heinz Fischer 박사를 주축으로 연구팀을 발틱해Baltic Sea 루겐Rügen 섬에 파견하여 이번에는 레이다Radar[65]를 이용하여 같은 조건으로 실험하였다. 몇 주 동안 45도 각도로 레이다 조사를 계속했지만 아무것도 탐지할 수 없었고, 피셔와 그의 팀은 성과 없이 귀국하는 것이 엄청나게 두려웠다. 하지만 그들은 두려워할 필요가 없었다. 이때 히틀러는 러시아 침공에 몰두하였고, 연구팀은 조용히 독일로 돌아왔다.

최후의 개척지: 우주에 대한 오해

우주는 한때 어리석은 학설의 본고장이었다.
* 화성에 운하가 있다.
* 달은 가운데 구멍이 있다.
* 우주는 정지하고 있으며, 팽창하지 않는다.
* 발칸Vulcan[66] 행성은 수성과 태양 사이를 돌고 있다.
* 보름달은 사람을 미치게 한다.

---

65 RAdio Detecting And Ranging. 전파를 이용하여 물체를 탐지하고 거리를 측정하는 장치
66 수성 궤도의 특징을 설명하려고, 프랑스 수학자가 '발칸'의 존재를 주장하였으나 아인슈타인의 '일반 상대성 이론'으로 수성 궤도의 특징이 설명되었다고 한다.

09
팝콘부터 모차르트까지

잠재의식 메시지로 사람을 조종할 수 있다.

이번에 다루는 것은 『지구가 평평했을 때When the Earth Was Flat』에 소개한 가짜 과학 중에서 가장 최근에 일어났으며, 다른 어떤 가짜 과학보다 찌꺼기를 아주 많이 만들어낸 얘기이다.

🔬 미친 사람들

1950년대 후반 미국은 소비자의 마몬Mammon[67] 신전이었으며, 제사장은 마케팅 담당자였다. 1957년 시장 조사원 제임스 비커리James Vicary(1915~1977)가 눈에 보이지 않는 광고의 성배Holy Grail[68]를 들고 나타났다.

그해 여름 비커리는 미국 뉴저지New Jersey 포트리Fort Lee[69]의 영화관에서 있었던 비밀 실험으로 믿을 수 없는 결과가 나타났다고 발표했다. 비커리는 소비자가 구매에 저항하는 본능을 가졌다고 논리 정연하게 설명했다. 소비자는 상품을 사고 싶지만 광고인의 가장 큰 적인 소비자의 뇌 의식이 주인에게 사지 말라고 경고한다는 것이다. 비커리는 그러한 뇌 의식을 제거해야 한다고 주장했다.

비커리는 16주 동안 4만 5천 명의 영화 관객에게 따로 편집된 영화를 보여주었다고 말했다. 비커리는 아주 짧은 시간 동안, 이미지를 보여주는 순간 노출기Tachistoscope를 이용하여 관객에게 '콜라를 마셔라.'와 '팝콘을 먹어라.'라고 지

---

67 탐욕의 악마
68 예수가 최후의 만찬에 사용한 잔으로 오페라, 영화, 소설에서 마법의 힘을 가진 것으로 묘사되었다.
69 미국 뉴저지 주 버건의 도시

시하는 플래시 이미지Flash image를 영화와 합쳤다고 말했다. 사람의 눈이 이미지를 얼마나 빨리 포착할 수 있는지에 대한 자신의 주장을 과학적으로 뒷받침하기 위해 비커리는 플래시 이미지를 3천분의 1초만 보여 주었다고 언급했다. 그 속도가 너무 빨라서 눈과 뇌 의식은 인식할 수 없지만, 잠재의식Subliminal은 감지할 수 있다고 매디슨가Madison Avenue[70]의 광고 전문가에게 설명했다.

• 배고픈가요? 팝콘을 먹어요: 비커리의 실험 모형 •

즉, 뇌는 거의 최면 상태에서 영향을 받기 때문에 어떤 방어 작용도 작동하지 못한다는 것이었다. 비커리는 이 실험으로 휴게실의 콜라와 팝콘 판매가 각각 18퍼센트, 57퍼센트 증가했다고 주장했다. 미국 제조업자는 들떠 있었다. 모든 것이 완벽하게 말이 되는 것 같았다. 그들의 눈앞에 매단 당근의 상업 가치는 헤아릴 수 없는 것으로 느껴졌다.

---

70 뉴욕에 있는 광고 거리

정치적 음모

그들의 모든 계획이 더 나쁜 칼날을 숨기고 있을지라도 비커리의 발견이 주는 가능성에 사람들은 흥분했다. 정당은 그들 자신의 텔레비전 방송뿐만 아니라 정치와 관련 없는 인기 프로그램에도 이러한 전술을 사용할 가능성을 의논했다.

또한 메디슨가에서 캐피톨힐Capitol Hill[71]로 여론 형성가와 심리 조작 전문가 Depth Men를 정치판에 데려오기 위해 고액의 보수를 미끼로 추악한 쟁탈전이 벌어졌다. 저널리스트 밴스 패커드Vance Packard는 워싱턴이 상업 광고 전략과 비커리의 실험을 결합하여 이용하는 내용이 담긴, 현재까지도 유명한 소설 『숨은 설득자The Hidden Persuaders(1957)』를 출판했다. SF 작가 올더스 헉슬리Aldous Huxley는 비커리의 '자유 의지의 종말을 고하는 소리'가 자신의 소설인 『멋진 신세계Brave New World(1931)[72]』의 무서운 세상을 불러냈다고 누군가에게 말했다. 그리고 잠재의식 메시지의 윤리성 논란이 심해지자 리처드 콘던Richard Condon은 『맨츄리안 켄디데이트The Manchurian Candidate(1959)[73]』를 출판했다. 이 소설은 정당이 개인을 세뇌하는 스릴러로 콘던의 소설은 음모의 불꽃을 부채질했다.

---

71 워싱턴 D.C.에 있으며 미국 국회의사당이 있다.
72 과학 기술의 남용으로 인간성이 파괴된 디스토피아를 그린 소설
73 한국 전쟁에서 정체를 알 수 없는 세력에게 납치당해 세뇌당한 군인이 미국 대통령 후보를 암살하려 한다는 내용을 그린 소설. 1962년과 2004년에 영화화되었다.

🏛 세뇌

비커리는 자신의 사기 행각(그것이 무엇이든지 사기였다.)을 그만둘 적당한 시기를 찾지 못하고 있었다. 미국은 한국 전쟁(1950~1953) 이후에도 폭로 때문에 여전히 곤혹스러운 상황이었다. 미국인에게 '세뇌Brainwashing'라는 말을 처음 소개한 것은 선정주의 작가 에드워드 헌터Edward Hunter의 『중국 공산당의 세뇌 Brainwashing in Red China(1951)』였다. 이 책에서는 미국인 포로의 마음을 조종하는 푸만추Fu Manchu 같은 어두운 인물의 이미지를 표현하여 미국인들 사이에 공포감을 불러일으켰다.

현실에서 CIA의 악명 높은 MK 울트라 계획(아래 참고)을 제외하고, 정신을 조종하는 실험은 한 번도 없었다. 헌터는 그저 거짓의 거미줄을 쳤을 뿐이다. 단지 중국은 희망자를 대상으로 포로를 재교육하였다. 이 사상개조思想改造라는 재교육은 포로가 가지고 있는 기존 중국 공산주의 개념을 지우고, 서양의 거짓말을 '진실'로 대체하려는 시도였다. 마약도, 최면술도, 구타도 없는 그저 지루한 수업이었다. 어쨌든 전후 2천 명의 미군 포로가 본국 송환을 거부했다. 그래서 미국은 포로가 스스로 선택한 것이 아니라 어떤 무서운 방법으로 그렇게 만들었다고 조작할 필요가 있었다.

🏛 불길한 순서

아마 놀랄 일도 아니겠지만 CIA도 당연히 비커리의 실험에 관심이 많았다. 제2차 세계대전이 끝나고 극비리 진행된 페이퍼클립 작전Operation Paperclip[74]에서 CIA는 수많은 나치 과학자와 의사를 미국으로 데려왔다. 그중에는 완벽한 정신 통제를 위해 죽음의 수용소 수감자에게 각종 항정신제 실험이나 감각 박탈 실험을 한 과학자와 의사도 있었다. 미국은 30명 이상의 전쟁 범죄자에게 새로운 신분을 주었고, 악명 높은 MK 울트라 계획에 참여시켰다. 그들은 아무것도 모르는 피실험자에게 위험하고 죽을지도 모르는 정신 병리학적 실험을 수행하였다.

---

74 독일의 과학기술을 연구하기 위해 나치의 과학자를 미국으로 밀입국시킨 작전

이 계획은 이미 1957년에 시작했지만 비커리가 무심코 새로운 생명을 불어넣었다. 최근 공개된 1958년 1월 17일 CIA 보고서는 다음과 같이 기록되었다.

> "최면 유도 과정에서 피실험자의 저항을 줄이려면 잠재의식 영상을 사용해야 한다. 이 기술은 영화관에서 3천 분의 1초 간격으로 '팝콘을 먹는다.'나 '콜라를 마신다.'는 영상을 보여주는 것으로 상업 광고에서 성공하였다. 잠재의식 영상은 '원문 삭제Obey [deleted]' 같은 방식으로 시각적으로 지시하면 동일한 성과를 얻을 수 있다."

⚒ 사기 행각의 뚜껑을 열다.

1952년 제작된 애니메이션 조지 오웰George Orwell의 『동물 농장Animal Farm』은 CIA의 자본으로 기획되었으며, 플래시 메시지를 보여주었지만 아무런 성과도 얻지 못했다. CIA는 영화관 관객을 어떤 생각으로 조종하거나 영화관을 나와서 어떤 행동을 하라고 지시했지만 실패했고, 극심한 좌절감에 빠져버렸다. 또한 미국과 캐나다 방송국도 비커리의 실험 결과를 재현하려고 시도했지만, 똑같이 실패했다.

가장 많이 알려진 실험은 캐나다 방송국의 일요일 저녁 인기 프로그램 〈클로즈업Close Up〉에서 진행되었다. 시청자에게 프로그램 중간에 방송국으로 전화하라는 메시지를 거의 4백 번이나 내보냈지만 방송국에 전화를 걸어온 사람은 아무도 없었다.

잠재의식 메시지를 묻어버릴 관 뚜껑에 확실히 못을 박은 사람은 사이콜로지컬 코퍼레이션Psychological Corporation의 분석가인 헨리 C. 링크Henry C. Link 박사였다. 그는 잘 통제된 환경에서 잠재의식 메시지의 놀라운 힘을 재현하려고 비커리를 초청했지만 모든 상황에서 실패하고 말았다. 1958년 뉴욕 호프스트라대학교Hofstra University의 심리학과 학생인 스튜어트 로저스Stuart Rogers는 지금까지 아무도 물어보지 못했던 몇 가지 질문을 하려고, 비커리가 처음 실험한 포트리를 방문했다. 로저스는 비커리가 실험했던 극장을 발견했을 때 극장의 크기에 바로 충격받았다. 극장이 너무 작아서 비커리가 주장한 기간에 실험 인원을 수용하는 것은 불가능했다.

로저스가 극장 관리자에게 물어보자 그런 실험은 없었다고 인정했다.

⛄ 상관하지 않고 계속되다.

마침내 1962년 비커리는 스스로 사기라는 것을 인정했다. 잠재의식 메시지는 존재하지 않았다. 그는 파산 직전인 자신의 컨설팅 회사를 구하려고 모두 꾸며낸 것이었다. 전모가 드러났음에도 불구하고 비커리의 터무니없는 거짓말을 믿어버린 사람은 귀를 기울이지 않았다.

비커리 본인이 잠재의식 메시지가 사기라고 아무리 시인하고, 몇 번을 말해도 세상은 듣지 않았다. 2006년 수행한 조사에서 미국 광고인이나 심리학자를 포함하여 응답자 80퍼센트 이상의 사람이 여전히 잠재의식 메시지의 사악한 힘을 믿는 것으로 나타났다. 현재 견해는 1970년대와 1980년대에 악에 맞서는 수호자라고 자칭한 미국 작가 윌슨 브라이언 키Wilson Bryan Key(1925~2008)의 영향이 크다.

몽스의 천사

제임스 비커리의 사례에서 알 수 있듯이, 한 국가가 일단 어떤 생각을 국민에게 공표하면 나중에 다시 설득하는 것이 매우 어려워진다. 몽스의 천사Angels of Mons라는 전설을 만들어낸 영국 작가 아서 마켄Arthur Machen도 마찬가지였다. 완전히 허구인 이 이야기는 수많은 천사들이 제1차 세계대전의 전장에서 불타는 검과 화살로 공포에 질린 훈족Hun[75]을 쳐부수고 영국 군인을 보호하는 것으로 묘사했다. 그냥 지어낸 이야기인데 연합군과 독일군, 장교와 성직자, 유목민도 모두 그 사건을 목격했다고 주장했다. 마켄은 국가에게 그것은 자신이 만들어낸 이야기라고 설명했지만, 돌아온 것은 분노한 주교가 영국 런던의 옥스퍼드가에서 그를 체포하여 채찍을 휘두른 것이었다.

---

75 훈족은 전성기에 독일, 프랑스, 이탈리아 등 유럽의 중심부까지 공격하였다.

• 몬스의 전설에서 영감받은 피아노 독주곡의 커버 디자인 •

미국 멘사Mensa[76] 회원이며, 소통학Communications 박사로 훌륭한 학위가 있음에도 불구하고 윌슨 키 박사는 잠재의식 메시지의 힘을 확고하게 믿었다. 그는 길비Gilbey라는 주류 회사의 술 광고에 나오는 세 개의 얼음 속을 자세히 보면 문자 S, E, X가 보인다고 주장했다. 심지어 그는 리츠 크래커Ritz Cracker의 점선 같은 구멍을 함께 연결해도 문자 S, E, X가 보인다고 말했다. 기독교 우파 단체를 눈여겨본 윌슨 키 박사는 기독교 우파의 지지를 얻기 위해 미국의 다국적 기업 프록터앤갬블Proctor and Gamble[77]에게 회색 수염이 난 남자 얼굴의 로고를 바꾸라고 주장했다. 왜냐하면 수염에서 짐승의 숫자 '666'이 보인다는 이유였다(다음 상자 참고).

---

76 인류를 위한 인지의 증명과 육성 등을 위하여 설립된 국제단체. 지능 지수가 전체 인구의 상위 2% 안에 드는 사람이면 누구나 가입할 수 있다.
77 머리글자인 'P&G'가 더 유명하다. 비누, 샴푸, 칫솔 등 다양한 종류의 소비재를 제조 판매한다.

666?

짐승의 숫자가 원래 6660이 아니라 6160이라는 것을 알고 있는가? 현대 성경의 번역자, 유명한 악마 영화[78] 제작자, 그리고 수천 명의 고스 로커Goth Rocker[79]들이 오도한 것이다.

🎸 로큰롤 자살

그러나 여전히 제임스 비커리의 썩어버린 유산은 계속 퍼져나갔다. 프록터앤갬블에 대항한 어리석은 십자군 운동의 성공에 힘입어 이 잠재의식 감시견Watch-dog은 고딕풍 헤비메탈 그룹에 관심을 돌렸다. 윌슨 키는 어딘가 퇴폐적인 매력을 설명하는 잠재의식의 갈고리가 있을 거라고 생각했다. 그는 노래를 거꾸로 들으면 악마의 대열에 동참하라는 소리가 나온다고 주장했다. 자연스레 모든 사람이 레코드를 거꾸로 듣기 시작했고, 기독교 우파는 많은 10대 자살 원인이 자기자신의 생명을 빼앗으라는 '잠재의식'의 명령을 받은 거라고 확신했다.

윌슨 키와 그의 연구에 따르면, 뇌는 사람의 눈에 띄지 않는 이미지를 볼 수 있을 뿐만 아니라, 정상적으로 재생되는 레코드를 듣고, 모든 공연을 기억하고, 가사 사이에 숨겨진 잠재의식 메시지를 들을 수 있도록 머릿속에서 거꾸로 재생한다고 주장했다. 그야말로 엄청난 정신적 노동이다. 본능적으로 사람은 누구나 분명한 것을 그냥 받아들이고 싶어 하지 않는다. 또, 약물에 취하고 고스록Goth-rock 음악에 영향을 받은 10대는 단순히 자해가 하고 싶었는지도 모른다. 하지만 1985년 12월 23일 미국의 10대 소년 레이먼드 벨냅Raymond Belknap의 자살과 그의 친구인 제임스 밴스James Vance의 자살 시도는 윌슨 키에게 힘을 실어 주었다.

두 소년은 약물 남용과 우울증을 앓은 적이 있었다. 그날 마리화나Marijuana[80]를 피우고, 영국 헤비메탈 밴드 주다스 프리스트Judas Priest의 음악을 들으면서 하루를 보냈다.

---

78 1976년에 제작한 〈오멘(The Omen)〉이 대표적이다.
79 가사가 주로 세상의 종말, 죽음, 악에 대한 내용을 담은 록 음악을 즐기는 사람
80 대마의 잎이나 꽃을 원료로 하여 만든 마약. 주로 담배에 섞어서 피운다.

그 후 얼떨결에 묘지로 가서 벨납은 산탄총으로 자신의 머리를 쏘았고, 밴스도 마찬가지로 시도했지만 중상을 당하고 목숨을 건졌다. 윌슨 키는 이 록그룹이 〈Better By You, Better Than Me〉라는 노래에 비극적인 행동을 유도하는 잠재의식 메시지를 담아서 소년들에게 전달했다는 것을 주장하려고 잠재의식 메시지 전문가로 법정에서 증언했다.

다행히 판사는 인정하지 않았고, 윌슨 키의 증언을 무시하고 소송을 기각하였다. 이 사건이 끝난 뒤 주다스 프리스트의 리드 싱어 롭 핼포드Rob Halford는 이렇게 말했다.

> "만일 내가 그런 쓰레기 같은 효과가 있다고 생각했다면, 모든 사람에게 우리 레코드를 더 사라는 메시지를 담았을 것이다."

🏺 가짜 과학의 찌꺼기

속기 쉬운 대중의 탐욕은 실제로 엄청난 시장의 힘이다. 만약 전제 A가 전제 B를 만들었다면, 나중에 전제 A가 거짓말로 판명되는 경우 전제 B가 전제 A와 함께 역사 속으로 사라진다면 용서받을지도 모른다. 하지만 그렇지 않았다. 비커리가 잠재의식 메시지가 거짓말이라고 대중에게 인정했어도 가짜 과학의 찌꺼기는 이미 넘쳐났다.

수면 학습법Sleep-learning은 1956년에 랜드코퍼레이션Rand Corporation[81]의 찰스 사이먼Charles Simon과 윌리엄 H. 에먼스William H. Emmons의 뇌파 연구로 이미 중단되었지만 비커리의 거짓말이 새로운 생명을 불어넣었다. 잠재의식 속에 숨겨진 무서운 힘을 끌어낼 수 있다는 가짜 약속을 넘어서서 미국과 유럽 전역에 관련 상품을 팔려는 벤처 기업들이 우후죽순으로 생겨났다. 만약 피실험자가 깨어있을 때 잠재의식이 그런 힘을 발휘할 수 있다면, 피실험자가 잠들었을 때 더 큰 힘을 발휘한다는 것이었다. 어디에도 이 생각의 근거가 없다는 것은 정말 유감스러운 일이다.

---

81 군사 문제 연구에 권위 있는 미국의 대표적인 싱크탱크 중 하나

저명한 수면 전문가와 심리학자가 아무리 거짓말이라고 말해도 수면 학습법은 수십 억 파운드의 산업이 되어버렸다. 1991년 연구에서 피실험자에게 잠자는 동안 자기주장이 강한Assertive 행동을 하라는 자기 계발 메시지를 전달할 거라고 미리 알려주었다. 깨어났을 때 많은 피실험자들은 스스로 더 많은 것을 통제하고 행동할 수 있을 것 같다고 말했다. 하지만 실제 전달한 것은 더욱 더 겸손하라는 것과 자기 비하Self-deprecating 메시지였다. 이 실험은 임상 조건에서 수행하였고, 피실험자가 정말 잠을 자는지 심전도 검사로 확인하였지만 메시지가 전달된 흔적은 아무것도 발견되지 않았다.

🐜 모차르트 효과

잠재의식 메시지와 수면 학습법에서 1991년 프랑스 이비인후과 전문가 알프레드 A. 토마티스Alfred A. Tomatis(1920~2001) 박사가 만든 '모차르트 효과Mozart Effect'가 태어났다. 토마티스는 특정 유형의 음악을 듣는 것이 특정 조건과 목적을 달성하는 데 도움을 준다고 발표했다. 많은 종류의 음악 중에서 토마티스가 추천한 모차르트 음악은 기분이 우울해지는 것을 막고, 학습 장애를 가진 사람을 눈앞에 있는 일에 집중시킨다고 주장했다.

토마티스는 국제적으로 저명한 인사였기 때문에 두 명의 캘리포니아대학교University of California 교수 프랜시스 라우셔Frances Rauscher 박사와 고든 쇼Gordon Shaw 박사가 이 현상을 조사하였고, 그 결과를 과학 저널 「네이처Nature[82]」에 게재했다. 그들도 이유는 잘 모르겠지만, 아마도 음악에 집중하는 것이 생각을 정리하는데 도움이 되었는지, 시험 전에 모차르트 음악을 들은 피실험자가 어둠과 침묵 속에 있던 피실험자보다 실제 성적이 더 좋았다고 발표했다.

이 저명한 박사들은 피실험자의 지각 능력이 잠시나마 조금 향상된 것을 발견했으며, '특정 주파수에 반응하는 뇌 기관이 있는 것 같다.'라고 말했다.

---

82 1869년에 창간한 세계에서 가장 오래되었고 저명한 과학 학술지

그들은 참가자 개인의 지능지수는 언급하지 않았으며, 미트로프Meatloaf [83]와 아이언 메이든Iron Maiden [84] 음악을 들어도 결과는 똑같다고 굳이 설명하지는 않았다. 예상대로 언론은 모차르트 음악을 듣는 것이 아이를 더 똑똑하게 만든다고 보도했다. 마침내 모차르트 효과로 대중들의 돈을 착취할 준비가 되었다.

 당신이 모르는 과학의 진실

* 우리는 뇌 전체를 쓰고 있다(적어도 우리 중 일부는 그렇다!) 10퍼센트만 사용한다는 것은 미신이다.
* 몽유병자를 깨우는 것은 나쁘지 않다. 사실 그렇게 하는 것이 가장 좋다.
* 한센병은 일상적인 접촉으로는 전염될 수 없다.
* 표준 시력 20/20(시력 1.0)이 완벽한 시력을 의미하지는 않는다. 단지 20피트[6미터] 안에서 정상적으로 보인다는 것이다.

쇼와 라우셔 박사가 모차르트 음악과 듣는 사람의 지능은 아무런 관계가 없으며 연구가 완전히 잘못 전달되었다고 항의했음에도 불구하고 이 생각은 이미 퍼져버렸다. 1998년 미국 조지아Georgia주와 테네시Tennessee주의 주지사는 새로 태어난 모든 아기에게 음악 CD를 제공하는 예산을 발표했고, 태아의 인지 능력을 조사하는 새로운 연구가 시작되었다.

수백만 명의 예비 엄마가 태아에게 자신의 목소리로 긍정적인 메시지를 녹음해서 모차르트 음악과 함께 듣게 하기 위해, CD 플레이어와 청진기를 거꾸로 한 것 같은 도구를 결합한 제품을 사려고 몰려들었다. 그러나 조지아주나 테네시주는 신동wunderkind의 요람이 되는 데에 실패했다. 아이가 태어나면 산파가 찰싹 때리는 것처럼 태어나자마자 〈돈 조반니Don Giovanni〉[85]의 노래를 불렀다는 첫 번째 소식은 아직 없었다.

---

83 1967년부터 활동한 미국의 록 가수
84 1975년부터 활동한 영국의 록 밴드
85 모차르트가 1787년에 작곡한 오페라

10
빅토리아 여왕의 비밀

코카인과 헤로인으로 많은 병을 고칠 수 있다.

현재 아편과 코카인[86]은 재배, 수입, 소비하는 사람의 삶을 망가뜨리는 A급 마약으로 취급한다. 하지만 19세기 의료계는 아편과 코카인을 '만병통치약'으로 환영했다. 많은 병을 고칠 수 있다고 믿었던 아편과 코카인은 의사의 처방 없이 쉽게 구할 수 있었으며, 대부분 의사나 유명 인사가 스스로 복용하였다.

🏛 마약의 유행

교황 레오 13세[Leo XIII(1810~1903)]는 코카인을 넣은 빈 마리아니[Vin Mariani]라는 프랑스 와인이 들어있는 호리병이 없으면 멀리 여행하지 않았다. 그뿐만 아니라 교황은 양조장에 바티칸 금메달을 수여하였고, 병든 아이, 임산부, 날씨 때문에 우울한 사람에게 판매하는 제품 광고에 자신의 초상을 사용하도록 허락했다. 당시에는 모든 사람이 아편이나 코카인이 인류에게 커다란 이익이 될 거라고 생각했다. 의사는 아기 엄마에게 치아가 나고 있는 아기를 마취하는 데에도 아편과 코카인을 사용하라고 권장했다. 16세기 이후에 어리석은 의사들은 젖니가 나는 것을 도와주려면 아기의 잇몸을 가느다랗게 찢는 것이 좋다고 생각했다. 이 치료가 굉장히 아프기 때문에 19세기 말에 사라지고 있었다. 하지만 이 잇몸을 찢는 고통을 벗어날 수 있는 '기적의 마취제'를 사용할 수 있었기 때문에 향후 100년 동안 다시 유행하였다. 아편이나 코카인을 사용하면 의심의 여지없이 아기는 기분 좋게 웃기 시작했다.

---

86 코카의 잎에 들어있는 알칼로이드. 무색의 고체로 부분 마취에 쓴다. 거래나 사용이 법률로 규제된 마약이다.

• 교황이 가장 좋아하는 마리아니 포도주 •

의료계는 코카인과 아편의 효능을 크게 선전하였고, 말할 필요도 없이 대량으로 만들어서 판매하여 돈을 벌기 시작했다. 코카인과 아편으로 만든 제품을 누구나 쉽게 살 수 있었고, 청과물 가게나 잡화 가게에서도 필요한 사람을 위해 재고를 보유했다. 게다가 사람을 현혹하는 과장 광고가 거리에 쏟아져 나왔다. 할리가Harley Street[87]의 삼촌 같은 전문의가 추천했다는 그런 모든 의약품은 윈즐로 아줌마의 진정 시럽Winslow's Soothing Syrup이라던가 맥과이어 교수의 소아용 만병통치약MacGuire's Infant's Panacea이라는 인체에 무해하게 들리는 이름으로 팔렸다. 모든 의료계는 아편과 코카인이 중독성 없는 소중한 치료제라고 생각했다. 하지만 두 의약품의 조사를 의뢰받은 의료 기관은 사실 엄청난 소비자였기 때문에 두 의약품의 중독성에 관한 혐의를 완전히 무죄로 만든 연구 결과는 놀랄 일도 아니었다.

---

87 런던 중심부의 개인 병원 밀집 거리

· 윈즐로 아줌마가 보증하는 소아용 진정 시럽 ·

프로이트가 괜찮다고 말했으면…….

오스트리아 심리학자 지그문트 프로이트Sigmund Freud(1856~1939)는 코카인을 아편과 알코올 중독의 이상적인 치료제일 뿐만 아니라, 거식증을 앓고 있는 사람의 식욕 촉진제, 천식 환자의 1차 치료제라고 옹호했다.

프로이트는 「코카인에 대하여Über Coca(1884)」에서 '건강한 사람의 평범한 행복감과 똑같은 즐거움과 지속적인 행복감'을 만든다고 코카인의 효능을 극찬했다. 프로이트는 이 주제를 더욱 발전시켜서 다음과 같이 기록했다.

> "당신은 자신을 더 통제할 수 있고, 활력과 에너지가 넘칠 것이다. 다시 말하면, 당신은 그냥 정상이고, 어떤 약물의 영향을 받는다는 것을 전혀 알 수 없다.
> 장시간의 힘든 노동을 해도 피로를 느끼지 않는다. 알코올에 만취해서 생기는 불쾌한 후유증도 없다. 코카인은 처음 사용했을 때나 몇 차례 복용한 다음에도 더 사용하고 싶은 욕망이 전혀 없다."

영국이 최고[88]

빅토리아 여왕Queen Victoria은 주치의의 권유로 아편과 알코올을 혼합한 아편 틴크Laudanum를 많이 마셨고, 생리통에 대마초를 사용했다. 또한 그녀는 수상 윌리엄 글래드스톤William Gladstone처럼 가끔 코로 코카인을 흡입했다. 19세기 영국 지배 계급의 대부분과 영국 인구 절반은 탁한 마약 공기 속에서 살았다고 해도 과언이 아니다. 왜 아니겠는가? 빅토리아 시대의 정부는 세계가 아직까지 본 적도 없는 가장 무서운 마약상이었다. 그들과 비교하면 콜럼비아 군벌은 풋내기로

---

88 영국이 최고(best of British)는 '잘 해봐!'라는 뜻도 있다.

보일 것이다. 1830년 영국의 생아편 수입량은 충분히 놀랄만한 10만 파운드약 45톤였지만, 1860년에는 30만 파운드약 136톤로 엄청나게 많이 증가했다.

순식간에 인도 북부와 아프가니스탄에 양귀비 밭을 만든 것도 영국이었으며, 그 치명적인 결과가 오늘날에도 여전히 남아있다. 새로운 시장 발견이 절박했던 영국 정부는 중국을 겨냥했다. 그런데도 이미 2백만 명의 중독자가 있었으며 심각한 아편 문제에 직면해있었다. 이것을 절호의 기회라고 생각한 영국은 중독자를 늘리려고 대량의 아편을 중국으로 실어 나르기 시작했다. 중국이 아편의 수입을 반대하고 무역을 중단할 것을 요구하자, 전성기였던 빅토리아 정부는 중국이 서양과 무역을 통제한다는 이유로 중국 광둥廣東을 공격하였고 제1차 아편 전쟁First Opium War(1839~1842)을 일으켰다.

의학인들: 의사가 잘못 알았을 때

다음의 의심스러운 의료 행위는 의사가 항상 옳다고 단정 지을 수 없다는 것을 보여준다.
* 다양한 병을 치료하기 위한 천두술Trepanation (머리에 구멍 같은 게 필요할까요!)
* 정신 질환자를 '안정시키는 뇌엽절리술Lobotomies[89]
* 우울증을 치료하는 전기경련 요법Electroconvulsive therapy
* 조현병을 완화하는 인슐린 충격요법Insulin—induced coma[90]
* 여성 히스테리를 치료하는 자궁적출술Hysterectomies

영국이 승리하여 맺은 난징 조약南京條約[91]으로 빅토리아 여왕은 홍콩香港 할양을 포함한 많은 거류지를 요구했다. 중국은 난징 조약의 모든 조항을 준수하는 것을 꺼렸다. 그러자 영국은 다시 공격하여 제2차 아편 전쟁Second Opium War(1856~1860)을 일으켰다. 영국은 또 승리하였다. 영국은 이전의 홍콩 할양에 주룽 반도九龍半島를 추가시켰고, 중국인을 파탄시키는 아편 무역을 합법화하라고 강요했다. 게다가 영국은 미국에 철도를 건설하기 위한 '중국인 계약 노동자

---

89 전두엽을 제거하는 시술법
90 인슐린 투여로 저혈당 혼수를 일으키는 치료법
91 1842년. 아편 전쟁을 종결하기 위해 난징에서 영국과 청나라가 맺은 조약. 청나라가 영국에게 홍콩 할양, 광저우, 상하이 등 다섯 항구 개항, 배상금 지급을 수락하는 불평등 조약

(바꿔 말하면, 노예)[92]를 대량으로 이송하기 시작했다. 중국은 어쩔 수 없었고, 영국 정부는 몇 년 동안 중국에서만 1억 명이 넘는 아편 중독자를 확보했다.

🚀 휴스턴, 문제가 발생했다.[93]

미국도 상황은 좋지 않았다. 남북 전쟁Civil War(1861~1865) 중 북군에서만 천만 개의 아편 알약과 3백만 온스약 [85]톤 이상의 다른 아편 약물이 공급되었다. 마약은 전쟁의 공포를 극복하는 데 도움이 되었을지 모르지만, 전쟁이 끝나고 약 50만 명에 가까운 병사가 아편에 중독된 채 일상생활로 돌아왔다. 그제야 미국 의료계는 이런 약물 남용이 문제가 될 수 있다고 인정했다.

돈 많은 사람은 아편을 동네 약국에서 살 수 있었으며, 기분 전환에 사용해도 무해한 물질이라고 여전히 믿는 제약사에 우편으로 주문할 수 있었다. 처음으로 아편 중독자를 걱정하기 시작한 것은 새로운 습관을 감당할 수 없는 아편 중독자의 어처구니없는 행동 때문이었다.

미국 의학협회American Medical Association가 지원한 아편무역억제협회Society for the Suppression of the Opium Trade는 아편이나 코카인은 무해하고 모든 병을 고칠 수 있다고 주장하는 의사를 공격하기 시작했다. 결국 1893년 영국의 아편왕립위원회Royal Commission on Opium에 유해성 조사를 의뢰했다. 하지만 이것은 처음부터 실패한 모험이었다. 위원회는 적절한 절차에 따라 수많은 증인에게 귀를 기울이고 나름대로 설득력 있는 보고서를 작성했지만, 아편은 도덕성 상실이나 신체적 손상에 아무런 책임이 없다고 결론지었다. 사실 기분 전환에 아편이 알코올보다 낫고, 치료에 도움을 준다고 판단했다.

저명한 영국 의학 전문지 「더 랜싯The Lancet」은 '말도 안 되게 과장하거나 아무런 근거 없이 주장하는 아편 반대론자에게 치명적인 타격을 주었다.'고 말하며, 이 유해성 조사 결과를 환영하였다. 위원회의 문제는 바로 왕립위원회Royal Commission라는 것이었다. 빅토리아 여왕 자신이 마약 중독자의 우두머리

---

92 1991년 영화 〈황비홍(黃飛鴻)〉은 중국인을 영국에 노예로 팔려는 악당과 싸우는 내용이다.
93 미국의 모든 유인 우주 계획을 총괄하는 린든 B. 존슨 우주 센터(Lyndon B. Johnson Space Center)가 미국 텍사스주 휴스턴에 있기 때문에 우주비행사와 지상관제센터가 교신하는 것을 흉내 낸 말이다.

였기 때문에 누구도 여왕 앞에서 아편 틴크와 코카인을 사용하면 문제가 생길 거라고 말할 수 없었다.

🐜 마약 중독자에게 직접 주사

문학계는 아편으로 기분이 나빠지고 쇠약해지는 것을 다루기 시작했다. 코난 도일Conan Doyle의 작품에 나오는 왓슨 박사Dr. Watson는 셜록 홈스Sherlock Holmes가 뛰어난 지적 능력을 향상시키려고 해로운 물질을 사용하는 것을 심각하게 반대했다.

• 런던 괴담의 아편굴 •

아직 아편이나 코카인의 유해성에 대한 이야기를 듣고 싶은 사람은 매우 드물었고, 의료계는 그 입장을 강력히 변호했다. 1885년 미국 제약사 파크데이비스Parke-Davis는 혈관에 직접 주사할 수 있는 코카인 제품을 출시했다. 이것은 주사기와 함께 다양한 중심가 상점에서 팔았으며, '식욕을 억제하면서, 겁

쟁이를 용감하게 하고, 소심한 사람을 말하게 하며, 통증을 둔감하게' 한다고
광고했다.

악의 소굴

영국의 소설가들은 중국 이민자가 운영하는 아편굴이 런던의 라임하우스Limehouse[94] 지역
에 많이 있다는 그러한 괴담이 조장했다. 분명 제2차 아편 전쟁 후에 보내진 중국인이 미국
의 여러 도시에서 아편 상점을 운영했지만 19세기 런던에는 수백 개가 넘지 않았다. 사실 그
런 아편굴이 있었다는 증거도 없다. 메이페어Mayfair[95]의 비밀 가게에서 살 수 있는 것을 왜
런던의 위험한 지역에 있는 초라한 굴까지 가겠는가?

🏭 마약의 대량 공급

1898년 독일 제약사 바이엘Bayer은 중독성이 강한 새로운 아편 물질을 합성하
여, 마시면 영웅Hero 같은 기분이 든다는 의미로 '헤로인Heroin'이라는 이름의
일반 의약품을 출시했다. 이번에도 의료계는 전혀 거리낌없이, 이 혁신적인
제품을 환영했으며, 감기나 독감, 기관지염, 피가 섞인 기침, 입덧으로 고통받
는 임산부도 사용할 수 있다고 추천하였다.

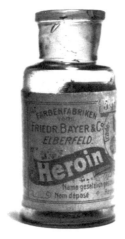

• 일반 의약품: 독일 제약사 바이엘의 헤로인 제품 중 하나 •

---

94 런던 동부 끝의 빈민가
95 런던 서쪽 끝의 번화가

• 단순한 갈증 해소제 이상의 효과('피로 회복제Relieve Exhaustion'로 코카콜라를 광고했었다.) •

미국에서도 마약 개발은 계속되었다. 남군으로 퇴역한 의사 존 스미스 펨버튼 John Stith Pemberton(1831~1888)은 교황 레오 13세가 좋아하는 마리아니 포도주와 경쟁하기 위해 코카인이 들어있는 와인을 만들었다. 처음에는 '펨버튼의 브레인 토닉Pemberton's Brain Tonic'으로 광고했으며, 이 치명적인 알코올과 코카인의 혼합물은 엄청나게 잘 팔렸다. 1886년 조지아주 애틀랜타Atlanta에 있는 펨버튼의 고향에서는 사람들이 절주Temperance할 수 있도록 알코올을 넣지 말라고 그에게 압력을 행사했다. 그래서 코카인이 포함된 시럽과 탄산수를 혼합한 코카콜라Coca-Cola가 만들어졌다. 하지만 남부에서는 코카인을 섭취한 흑인 남성이 백인 여성을 강간할 수 있다는 어리석은 생각이 퍼져있었기 때문에 펨버튼은 코카인을 넣은 게 꺼림직해졌다. 마침내 1903년에 이 음료에서 코카인의 모든 흔적이 완전히 사라졌다.

♟ 마을에 온 새내기[96]

그때까지 코카인과 헤로인을 자유롭게 사용할 수 있다는 벽보가 여전히 붙어 있었다. 하지만 의료계는 가벼운 질병에 이 약물을 확인하지 않고 사용하면 안 된다고 생각하기 시작했다. 영국은 1920년이 되어서야 아편류의 소지가 불법이 되었다. 미국은 1970년까지 코카인 소지와 사용에 법적 규제가 없었다.

한편, 1950년대에 미국인은 또 다른 '무해한' 마약 암페타민Amphetamine[97]에게 마음을 빼앗겼다. 대서양 양쪽[98]의 의사는 이 알약을 색종이 뿌리듯 사용하였다. 겉으로는 이 알약이 병원에서 환자가 진정하는 데 매우 유용하다고 생각했고, 모든 사람이 암페타민 합성 각성제인 벤제드린Benzedrine 흡입기를 일반 약국에서 처방전 없이 구입했다. 게다가 1950년대 팬암Pan-Am 항공은 탑승객용 기내 서비스로 벤제드린 흡입기를 제공했다. 첨부 책자에는 '비행을 더 즐겁게 만들고 순식간에 가는 것처럼 느껴요.' 라고 쓰여있었다. 이건 농담이 아니다!

---

96 이글스(Eagle)가 1976년에 발표한 곡 〈New Kid in Town〉의 언어유희. 'New Kid'나 'New boy'는 모두 '새내기'를 의미한다.
97 필로폰
98 미국과 영국

11
천국의 냄새

악취와 비위생적인 몸 때문에 병이 생긴다.

세균설Germ theory의 아버지로 알려진 프랑스 화학자이자 미생물학자인 루이 파스퇴르Louis Pasteur(1822~1895)는 19세기 후반에 여러 번의 실험을 통해 세균 때문에 질병이 생긴다는 것을 증명했다. 파스퇴르의 발견 이전에는 간호학의 선구자인 플로렌스 나이팅게일Florence Nightingale(1820~1910)을 비롯한 대다수의 의학계와 과학계 사람들은 인간의 눈으로 볼 수 없는 미생물이 인체에 침입하고 증식하여 숙주를 죽게 한다는 생각을 비웃었다.

🚂 악취를 밀어내다.

파스퇴르가 반박할 수 없는 결정적인 증거를 제시할 때까지 악취설Miasma theory[99]이 우세했다. 이 학설은 모든 병이 나쁜 냄새와 개인의 위생 결핍, 약간의 불결한 마음과 영혼으로 생긴다는 것이다. 플로렌스 나이팅게일은 분명히 이 학설을 믿었다. 그녀는 깨끗한 환경에서 자주 성경을 읽으면 환자가 회복할 거라고 믿었기 때문에 크림Crimea 전쟁[100]에서 수천의 사망자가 발생했을지도 모른다.

---

99 많은 문헌에 '독기설(毒氣說)', 일본에서는 '장기설(瘴氣說)'이라고 하지만 『표준국어대사전』을 참고하면 '악취설(惡臭說)'이라고 하는 것이 맞다.
100 1853년 제정 러시아가 흑해로 진출하기 위하여 터키, 영국, 프랑스, 사르디니아 공국 연합군과 벌인 전쟁. 1856년 러시아가 패배하여 남진 정책이 좌절되었으며, 나이팅게일의 간호 활동으로 잘 알려져 있다.
101 병의 원인이 되는 본체. 세균, 바이러스, 기생충 따위의 병원 미생물이 있다.

신의 힘으로······.

악취설이 확산되기 이전에 고대 문명인은 질병을 신이 내린 처벌이라고 믿었다. 물론 그렇게 믿지 않는 사람도 있었다. 기원전 2천 년 말에 쓰인 힌두교 성전 『아타르바베다Atharvaveda』에는 질병은 살아있는 병원체[101] 때문이라고 쓰여있다. 이 책은 병원체의 크기와 성질을 자세히 설명하지 않았으며 다만 추측할 뿐이었다.

로마 의사이자 지식인이었던 마르쿠스 테렌티우스 바로Marcus Terentius Varro(기원전 116~27)는 병은 나쁜 공기와 냄새뿐만 아니라 무언가 이유가 더 있을 거라고 생각했다. 그는 늪 근처에 집을 짓지 말고, 가까이 가면 안 된다고 경고했다. 왜냐하면 '늪에는 눈으로 볼 수 없는 아주 작은 생물이 번식하고, 그것이 공기 중에 섞여서 입이나 코로 인체에 들어가면 심각한 병이 생긴다.'고 주장했다. 하지만 마르쿠스 테렌티우스의 말에 아무도 관심을 기울이지 않았다. 사람들은 그냥 신의 처벌이라고 믿었다.

감염설Infection theory[102]은 16세기까지 발전되지 않았다. 이탈리아 의사인 지롤라모 프라카스토로Girolamo Fracastoro(1478~1553)는 포자Spore라는 전염성 병원체가 세균과 바이러스를 확산시킨다고 생각했다. 이 포자가 직간접적으로 병을 전염시킬 수 있다고 경고하였다. 그는 또한 '부패하지 않은 옷과 옷감 등에서 세균이 증식하여 감염을 일으킬 수 있다.'고 기록했다. 프라카스토로는 올바른 방향으로 가고 있었지만 이탈리아 의사인 아고스티노 바시Agostino Bassi(1773~1856)가 질병의 원인이 살아있는 미생물이라는 것을 최초로 밝혀내기까지 약 3백 년이 더 걸렸다.

🦠 세균설의 발아[103]

1835년 이탈리아 실크 산업은 기생 진드기가 누에를 먹어버렸기 때문에 붕괴 위기에 처해있었다. 바시는 죽었거나 죽어가는 누에에서 포자가 흰색 가루로 덮인 것을 발견하였고, 처음으로 감염성 침입과 질병의 관계를 제대로 증명하였다. 30년 뒤 프랑스 실크 산업이 똑같은 기생 진드기의 먹이가 되었을 때, 바시의 연구에서 영감을 받은 루이 파스퇴르는 동일한 결론에 이르렀다. 하지만 파스퇴르가 곧바로 대응한 것을 보면 세균설 발견에 이미 진입해있었다.

---

102 질병은 외부로부터 침입한 독립적 생명체인 미생물에 의해 감염된 것이라는 점에서 세균설(Germ theory)과 감염설(Infection theory)은 일맥상통한다.

103 세균설의 시작을 싹이 트는 '발아(Germination)'로 표현한 언어유희

• 1912년 프랑스 신문의 1면에 콜레라가 옮기는 죽음을 묘사했다. •

바시가 이전에 생각한 것처럼, 파스퇴르는 누에를 소독된 농장으로 옮기고, 감염 징후가 있는 누에를 즉시 폐기하라고 권고했다. 이런 방역 격리와 예방 조치로 두 번이나 감염을 막았어도 의료계와 과학계는 세균설을 받아들일 준비가 되어있지 않았다. 대다수는 여전히 콜레라[104], 장티푸스[105], 말라리아[106] 같은 모든 병은 악취 때문에 발생한다고 생각했다. 파스퇴르와 동시대 사람인 오스트리아인 이그나즈 제멜바이스Ignaz Semmelweis(1818~1865)는 악취설을 반박할 수 있는 상황을 만들었지만 상대편을 너무 격렬하게 공격했기 때문에 오스트리아 의료계 저명인사의 음모로 결국 살해 당하고 말았다.

🚿 제발 손을 씻으세요.

19세기 중반 일부 산부인과에서는 출산할 때 산모와 아이 사망률이 약 20퍼센트라는 것은 아주 정상이라고 생각했다. 이것은 오스트리아의 빈 종합병원도 마찬가지였으며, 그곳에서 새로운 의사의 인간 기니피그로 자원하면 임신

---

104 콜레라균에 의해 일어나는 소화 계통의 전염병
105 티푸스균이 창자에 들어가 일으키는 급성 법정 전염병
106 말라리아 병원충을 가진 학질모기에게 물려서 감염되는 법정 전염병

부에게 특별한 혜택을 제공했다.

병원에는 두 개의 병동이 있었다. 1846년 제멜바이스는 제1 병동 선임 전공의였지만 제2 병동 출산 사망률이 제1 병동보다 18퍼센트나 적은 겨우 2퍼센트라는 것을 알고 깜짝 놀랐다. 두 시설의 유일한 차이점은 제2 병동에서는 부검한 적이 없다는 것이었다. 두 번째 단서는 환자에게서 찾았다. 제1 병동에서 뭔가 이상한 일이 벌어지고 있다는 것을 눈치 챈 임신부 대부분은 출산 과정에서 약속한 혜택을 받기 위해 전문 치료를 받지 않고 입원하는 도중에 출산하려고 시간을 저울질했다.

• 산모와 아이 곁에 있는 이그나즈 제멜바이스 •

제멜바이스는 눈치 빠른 여성들이 사망하는 경우가 거의 없다는 것을 발견하고 깜짝 놀랐다. 이 추측은 1847년 그의 친구인 법의학 교수 야코프 콜레츠카Jakob Kolletschka의 갑작스러운 죽음으로 확인되었다. 콜레츠카는 제1 병동에서 산욕열Puerperal fever[107]로 죽은 환자의 부검을 학생에게 지도하였는데, 그때 부주의로 수술용 메스에 찔려서 3일 후에 같은 증세로 숨진 것이다.

---

107 분만할 때에 생긴 생식기 속의 상처에 연쇄상 구균 따위가 침입하여 생기는 병. 산후 10일 이내에 발병하여 보통 38도 이상의 고열이 2일 이상 계속된다.

당신이 모르는 과학의 진실

* 백열전구를 발명한 것은 에디슨Edison이 아니다.[108]
* '프랭클린 난로Franklin stove'를 발명한 것은 벤저민 프랭클린Benjamin Franklin이 아니다.[109]
* '피타고라스의 정리'를 생각해낸 것은 피타고라스Pythagoras가 아니다.[110]
* 동력 비행을 최초로 성공한 것은 라이트 형제The Wright brothers가 아니다.[111]
* 전화기를 발명한 것은 알렉산더 벨Alexander Bell이 아니다.[112]

부검실을 집중적으로 확인하면서 제멜바이스가 처음 지적한 것은 학생과 교수가 평소에 손을 씻지 않고 치료실과 실험실로 곧장 간다는 것이었다. 그는 즉시 염소[113]계 표백제를 녹인 물에 손을 씻는 규칙을 만들었고, 사망률은 밤새 90퍼센트 줄어들었다. 두 달 후에는 사망률이 거의 0퍼센트가 되었다. 하지만 제멜바이스는 영웅 대우를 받는 대신 불량 학생처럼 손을 씻으라고 지시를 받는 동료들이 불만을 터뜨렸다. 손을 씻는 것과 사망률 하락은 도대체 어떤 상관관계가 있었던 것일까?

의료계의 냉대

제멜바이스가 병원을 떠나자마자 사망률은 원래 위치로 돌아갔다. 그는 병원에 일자리를 얻으면 언제나 손을 씻는 규칙을 만들었고 사망률은 훨씬 줄어들었다. 하지만 새로운 일을 할 때마다 오래된 적의 모함으로 또다시 쫓겨났고, 그가 떠난 후에는 여지없이 사망률이 다시 올라갔다. 여전히 아무도 그의 말을 믿지 않았다. 정말 믿기 힘든 일이지만 의사는 세균 묻은 손으로 환자를 수술할 권리가 있다고 빈의료위원회Viennese Medical Council는 주장했다. 이 위원회의 중진 의사에게 환자나 신생아 죽음에 책임이 있다고 제멜바이스가 비난하자 위원회는 그가 사고뭉치라고 생각했다.

---

108 에디슨이 등장하기 전 이미 20명 이상의 발명가들이 백열전구를 만들고 있었다.
109 데이비드 리텐하우스(David Rittenhouse)가 만든 난로가 실제 사용하고 있는 난로이다.
110 '증명' 자체는 고대 그리스에서 이루어졌지만, 3800년 전 메소포타미아의 라르사에서 발견된 점토판 플림턴 322(Plimton322)에서 이미 등장했다.
111 1010년 영국 맘즈베리의 에일머라는 수도사가 직접 만든 날개를 달고 무려 200미터에 달하는 거리를 날았다.
112 전화기를 최초로 발명한 사람은 이탈리아의 발명가 안토니오 무치(Antonio Meucci)이다.
113 할로겐 원소의 하나. 자극성 냄새가 나는 황록색 기체로, 산화제, 표백제, 소독제로 쓰이며, 물감, 의약, 폭발물, 표백분 따위를 만드는 데 쓰인다. 원자 기호는 Cl, 원자 번호는 17

제멜바이스는 고장 나서 소음이 심한 크랭크축[114]처럼 크게 비웃음을 당하면서 의료계에서 제외되고 소외당했다. 하지만 그는 후회하지 않았다. 그는 추방 중에도 적대적인 산부인과 의사 모임에 공개편지를 보냈다. 불행하게도 뭔가 결정적인 행동이 필요하다고 느낀 제멜바이스의 적은 그가 미쳤다고 말하고, 분란을 더는 일으킬 수 없는 곳에 가둬버렸다.

1865년 오스트리아 빈의 유명한 피부과 의사 페르디난트 리터 폰 헤브라Ferdinand Ritter von Hebra(1816~1880)가 이끄는 소규모 의사 단체가 어떤 건으로 그의 의견을 묻고 싶다고 거짓말하고 그를 불러냈다. 제멜바이스는 문을 열자마자 수상해서 도망가려고 했지만, 폰 헤브라의 부하들이 이미 준비하고 있었고, 제멜바이스는 너무 심하게 맞아서 보호시설의 지하 교도소에서 숨졌다.

• 위생적인 침대 •   • 비위생적인 침대 •
20세기 초에 나온 책의 새로운 위생 수칙(오른쪽 침대는 세균을 가둔다고 생각했다.)

이렇게 확고하고 확립된 견해가 큰 배를 돌리는 것과 같이 어렵다는 것은 쉽게 이해할 수 있다. 하지만 확실한 증거를 모두 확인하였고 명확해졌을 때, 그 배의 선장이 할 수 있는 유일한 행동이 말한 사람을 죽이는 것뿐이라는 것은 너무 이상하게 느껴진다. 하지만 제멜바이스는 잊히지 않았다. 과학계에서 새로 발견한 것은 어떤 것이 잘못되었을 거라고 생각하는 반사적 반응을 '제멜바이스 반사Semmelweis Reflex'라고 부른다.

---

114 내연 기관에서 피스톤의 왕복 운동을 회전 운동으로 바꾸는 기능을 하는 축

12
겉보기엔
그럴듯한 기원[115]

인류의 진화 과정에 잃어버린 고리가 있다.

20세기 전반까지 고생물학이나 인류학은 원숭이에서 인간으로 변모한 단서를 가진 초기 인류의 조상을 의미하는 잃어버린 고리Missing link가 있다고 생각했다.

• 인간의 탄생(현실과 거리가 먼 매끄러운 변화) •

---

115 '종의 기원(The Origin of the Species)'을 '겉보기엔 그럴듯한 기원(The Origin of the Specious)'으로 표현한 언어유희

🦮 탐험을 시작하다.

이 개념에 과학적 근거는 없지만, 고고학계에서 잃어버린 고리의 탐험이 19세기 후반부터 시작되었다. 누군가 고리의 증거를 찾았다고 말하면 사람들이 그것을 발견했다고 믿어버렸다. 19세기 인류학자 탐험대는 아직도 지구 어딘가 살고 있다고 믿었다. 특히 어떤 정신 나간 사람이 잃어버린 고리를 재생시키려고 시도하면서 제3 세계[116]는 황폐해져 오늘날까지 후유증에 시달리고 있다.

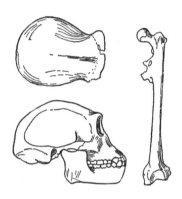

• 자바 원인의 화석 •

네덜란드 고생물학자 외젠 뒤부아Eugène Dubois(1858~1940)는 잃어버린 고리의 증거를 찾으려고 처음으로 탐험을 계획하고 시작한 인물이다. 1890년 그는 인도네시아 자바Java섬의 토지 절반을 파헤쳤다. 그해 후반 자바 섬 동부에 있는 솔로 강Solo River 근처를 파헤쳐서 뼈 화석을 발굴했다. 이 화석은 나중에 '자바 원인Java Man'으로 알려졌다. 하지만 이 화석이 유인원과 닮았기 때문에 뒤부아는 이것이 바로 잃어버린 고리라고 발표했다. 학계는 아무도 믿지 않았고, 학자들은 뒤부아를 비난했다. 그는 뼈를 모아서 학계를 떠났고 사실상 은둔자가 되어버렸다. 1923년 뒤부아가 자바 원인 화석의 철저한 분석에 동의하면서 그 화석이 호모 에렉투스Homo erectus(직립인)라는 사실이 밝혀졌다. 뒤부아는 다시는 학계에 발을 들여놓을 수 없었고, 어둠 속으로 사라졌다.

---

116 제2차 세계대전 후, 아시아, 아프리카, 라틴 아메리카의 개발도상국을 이르는 말

그때는 좋은 아이디어였지만…….

1950년대 세계 보건 기구WHO는 보르네오 섬의 말라리아를 퇴치하려고 모기를 죽이기 위해 디디티DDT[117]를 살포했다. 모기는 죽었지만 동시에 초가지붕을 뜯어먹는 나비의 천적인 말벌도 죽어서 시골집 지붕이 무너졌다. 고양이도 자신의 몸을 깨끗이 핥는 바람에 죽어버려서 쥐가 엄청나게 늘어났다. 영국 공군은 다시 이 문제를 해결하려고 만 마리의 굶주린 고양이를 낙하산으로 투하했다.

어떤 사람은 잃어버린 고리의 화석 발견에 만족하지 않았다. 그들은 잃어버린 고리는 사라진 것이 아니라 아직도 어딘가에 살고 있다고 믿었다. 그것이 그 유명한 새스콰치Sasquatch라고도 하는 빅풋Bigfoot이나 예티Yeti[118]라고도 하는 히말라야의 설인Abominable Snowman이다.

19세기 중반부터 후반까지 미국 대중지는 빅풋이 잃어버린 고리라는 생각을 조금씩 다루면서 인기를 끌었다. 놀랍게도 워싱턴주립대학교Washington State University의 인류학 교수인 그로버 크란츠Grover Krantz(1931~2002)와 조지아주 애틀랜타에 위치한 세계적으로 권위 있는 여키스 국립영장류연구센터Yerkes National Primate Research Center 소장 제프리 본Geoffrey Bourne(1909~1988)을 포함한 유명한 학자들이 이 학설을 강력하게 지지했다.

이 생각은 인류학과 영장류 학자이며, 미국 스미스소니언 연구소Smithsonian Institute의 지도자인 영국인 존 네이피어John Napier(1917~1987)도 지지했다. 유명한 인류학자인 마가렛 미드Margaret Mead(1901~1978)는 털이 많은 잃어버린 고리가 지금도 설선 주위를 맴돌고 있다고 믿었다. 그녀는 지구 문명이 바른길로 가는지 지켜보라고 파견된 수호 외계인Guardian과 UFO의 존재도 믿었다.

1953년 탐험가 에드먼드 힐러리 경Sir Edmund Hillary은 예티의 발자국을 봤다고 보고하고, 1960년 야수가 존재하는 증거를 찾으려고 원정을 시작했다. 1959년 배우 제임스 스튜어트James Stewart는 티베트 승려로부터 훔친 예티의 손뼈로 추정되는 것을 입수했다. 스튜어트는 그것을 인도에서 런던으로 몰래 가져

---

117 유기 염소 화합물의 무색 결정성의 방역용. 농업용 살충제. 곤충의 신경 계통 이상을 일으키므로 제2차 세계대전 후부터 해충 구제에 널리 쓰였으나, 인체의 지방 조직에 축적되어 잔류 독성을 나타내므로 현재 제조와 판매, 사용이 금지되었다.
118 미국 북서부 산속에 산다는 사람같은 큰 짐승

와서 분석하였는데, 영장류 학자 윌리엄 찰스 오스몬드William Charles Osmond는 이 뼈가 네안데르탈인의 손뼈라는 사실을 입증했다. 미국 고고학자인 아이다 호주립대학교Idaho State University의 제프리 멜드룸Jeffrey Meldrum(1958~) 교수는 탐험대를 이끌고 2011년 시베리아에 빅풋을 찾아 떠났으나 아무것도 찾지 못했다.

🐾 단 하나의 문제

문제는 이 조사에 과학적 근거가 하나도 없다는 것이다. 다윈을 포함한 그 누구도 인간이 유인원에서 진화한 것이라고 주장한 사람은 없었다. 만일 그렇다면 유인원은 어디에도 없을 것이다. 유인원은 모두 진화해서 의심할 여지없이 은행을 경영하거나 하원의원이 되었을 것이다. 19세기 학계는 인류의 계보를 직선으로 파악하고, 명확하게 정의된 진화 과정을 제시했음에도 불구하고 현재 이 학설은 완전히 빗나간 시각으로 알려졌다.

개의 기원

고양이나 개를 포함한 많은 종Species은 선사 시대의 미아키스Miacis라는 공통 조상에서 파생된 같은 종이다. 미아키스는 개와 비슷한 나무를 오르는 동물로 나무 타기에 적합한 오므릴 수 있는 손톱을 가졌다. 이 고대의 선조 미아키스가 다양한 환경에서 분화하여 고양이, 개, 족제비, 곰, 하이에나 등으로 갈라졌다. 하지만 개가 고양이로부터 진화했다고 말하는 사람은 아무도 없다. 또한 하이에나는 고양이와 개의 매우 이해하기 어려운 경계선에 있다는 것을 언급할 필요가 있다. 왜냐하면 외모도 개와 비슷하고, 무리로 사냥하는 개도 여러 번 소개되었지만, 하이에나는 사실 고양이에 가까운 동물이다.

인간을 다른 동물과 비교하려고 시도한 데즈먼드 모리스Desmond Morris의 『털 없는 원숭이The Naked Ape(1967)』는 인간이 유인원에서 진화했다는 생각에 어느 정도 책임이 있다. 인간의 진화 과정을 점점 직립하면서 털이 점점 퇴화하는 모습으로 표현한 유명한 포스터도 마찬가지다. 다른 사람이 이미 주장했던 것처럼 다윈이 주장한 것은 유인원이 인간으로 직렬로 진화한 것이 아니라 공통의 조상으로부터 병렬로 분화했다는 것이다.

• 뼈의 윤곽이 다르다. (왼쪽부터 긴팔원숭이, 오랑우탄, 침팬지, 고릴라, 인간) •

인류의 기원을 순차적 변모로 파악한 기존의 사고방식은 완전히 부정확하다. 지구에서 가장 위험한 동물은 수천 년에 걸쳐 멸종하고, 공생하고, 교배하면서 엄청나게 느리고 괴로운 진화를 여러 개로 갈라지면서 어수선하게 진행되었을 것이다. 그 과정에서 깔끔하게 나누어진 단계는 하나도 없다.

🐜 아주 오래된 분화

2006년 하버드대학교Harvard University의 인구 유전학자 데이비드 라이시David Reich는 인간 게놈Genome[119]의 복잡한 역사 연구를 통해 원시 인류와 원시 침팬지가 공통 조상에서 분화한 것은 이전에 추정했던 것보다 훨씬 오랜 시간이 걸리고 복잡한 과정이라는 것을 알아냈다. 말기 네안데르탈인과 초기 현대인이 공존하고 교배했던 것처럼(97페이지 참고) 원시 인류와 원시 침팬지도 수백만 년 동안 마찬가지였다. 최근 현대인과 침팬지의 X 염색체를 추적한 결과 이 두 개의 종이 마지막으로 분화한 것은 이전에 추정했던 것보다 백만 년 정도 지난 것으로 5백만 년부터 6백만 년 전까지는 실제 발생하지 않았다는 것을 알아냈다. 하지만 이것도 잃어버린 고리라는 의심스러운 이론을 뒷받침하지 않는다. 그것은 초기의 인간과 침팬지가 공통의 조상에서 갈라진 후 한동안 서로 번식이 가능한 상대로 생각할 만큼 이전에 추정했던 것보다 훨씬 더 오랫동안 비슷한 모습이었다는 것을 의미한다.

---

119 유전체라고도 하며, 낱낱의 생물체 또는 1개의 세포가 지닌 생명 현상을 유지하는 데 필요한 유전자의 총량

⚒ 생각은 사라지지 않는다.

인류의 진화 과정이 깔끔한 고리가 아니고 그 과정에 잃어버린 고리가 있다는 생각이 잘못된 것임에도 불구하고 이 생각은 절대 사라지지 않을 것이다. 창조론자는 『종의 기원On the Origin of the Species(1859)』에서 신이 인간을 창조한 것이 아니고 유인원에서 진화했다는 다윈의 주장을 완강히 거부하면서 비난했다. 이미 말했듯이(47페이지 〈멘델부터 멩겔레까지〉 참고) 다윈은 사실 그런 말을 한마디도 안 했지만, 다른 사람들처럼 언론은 그것이 이 책의 요점이라고 단정했다. 다윈의 독창적인 책을 읽어본 적도 없는 사람이 시류에 편승하여 무조건 그를 공격하였다.

그렇게 야만스럽지 않은 네안데르탈인

1856년 독일 뒤셀도르프Düsseldorf의 바로 동쪽 네안데르Neander 계곡에서 네안데르탈인의 화석이 발견되고 나서, 학자들은 야만적이고, 등이 굽었으며, 털이 많고, 몽둥이를 휘두르는 원인으로 몰아세웠다. 실제로 네안데르탈인은 문명화된 존재였다.

현대 인류와 비교하면 키가 조금 작고 땅딸막한 몸매의 네안데르탈인은 동굴에 사는 저능한 원시인이 아니었다. 네안데르탈인은 현생 인류보다 약 100밀리리터나 큰 두뇌를 소유하고 있었고, 개인과 집단 주거지를 만들고, 불을 피우고 몸을 따뜻하게 유지했다. 그들은 고기나 식물을 익혀 먹었고, 자신의 언어를 가졌으며, 현대인과 같이 정교한 도구를 만들었다. 현재의 유전자에서 증명하는 것처럼 네안데르탈인은 현생 인류와 사회적으로 상호 작용하고 교배하였다(유럽인과 아시아인의 DNA 중 약 4퍼센트는 네안데르탈인의 것이다.).[120] '원시' 네안데르탈인이 현생 인류 출현으로 멸종했다는 옛날 이론도 당연히 사라졌다. DNA 분석의 발전으로 네안데르탈인이 초기 크로마뇽인[121]에게 흡수되었고, 이종 교배로 변형되었다는 것이 밝혀졌다. 그러므로 네안데르탈인은 멸종하지 않았고, 여전히 우리의 유전자 속에 남아있다. 사실 여성 독자들에게는 전혀 놀라운 일이 아닐 것이다.[122]

1900년대 들어서 영국의 찰스 도슨Charles Dawson(1864~1916)이라는 아마추어 고고학자가 영국 서식스Sussex의 절반을 파헤친 끝에 흥미로운 것을 발굴하고 명성을 얻었다. 1912년 그는 놀라운 발견을 극적으로 발표했다. 그것은 서식스

---

120 호모 사피엔스는 고인류를 분류한 학명의 하나. 생각하는 사람이라는 뜻으로, 네안데르탈인과 현생 인류를 포함한다.
121 1868년 프랑스 도르도뉴 지방에 있는 크로마뇽 동굴에서 발견된 최초의 현생 인류
122 '남성'이 야만적이라고 말하는 것 같다.

동부 지방의 필트다운Piltdown 마을 근처에서 오랫동안 찾던 화석인 잃어버린 고리를 발견했다는 것이다.

이 발견이 중세 인간의 두개골과 오랑우탄의 아래턱과 침팬지의 이빨을 하나로 붙인 '위조 행위'로 밝혀지기까지 40년 이상 걸렸다. 인간과 가깝게 만들고, 생존 연대를 속이려고 화학 처리도 하였다. 하지만 도슨 자신이 조작했는지, 아니면 그가 발견하도록 위조한 것을 누군가가 묻어 놨는지 아직도 그럴듯한 답은 나오지 않았다. 그래도 흥미로운 것은 가까운 곳에 아서 코난 도일 경Sir Arthur Conan Doyle이 살고 있었고, 그 자신 또한 유심론[123]을 믿었기 때문에 기독교 원리주의자에게 거센 공격을 당하고 있었다는 사실이다. 코난 도일은 필트다운의 주민일 뿐만 아니라 도슨과 함께 서식스고고학협회Sussex Archaeological Society의 회원이었다. 게다가 두 사람은 이 '발견'을 준비하기 위해 열정적으로 대화하는 것이 자주 목격되었다.

1953년 「타임Time」지는 이른바 필트다운 원인Piltdown Man을 완전히 부정하는 기사를 발표했지만 이미 엎질러진 뒤였다. 잃어버린 고리는 이미 대중의 의식에 완전히 새겨져서 돌이킬 수 없었다.

• 복원한 필트다운 원인 •

---

123 모든 것은 '물질'이 아닌 '정신'적인 것이라는 철학

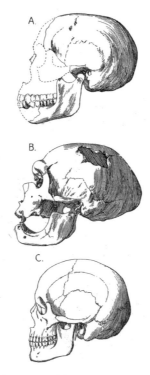

• 비교 및 대조(필트다운 원인 머리뼈(A), 네안데르탈인 머리뼈(B), 현대인 머리뼈(C)) •

1974년 에티오피아에서 발견된 골격 뼈로 잃어버린 고리가 더욱 고조되었다. '루시Lucy'로 알려진 이 뼈는 300만 년 전의 침팬지와 비슷하고 골반 및 무릎 관절에 직립으로 보행한 흔적이 있었다(이 뼈가 발견되었을 때, 지질학자 캠프에서 비틀스의 〈Lucy in the Sky with Diamonds〉가 흘러나와서 '루시'가 되었다.).

2010년 에티오피아에서 루시보다 더 오래된 키가 큰 남자 버전의 루시가 발견되어 일부 사람은 잃어버린 고리에 대한 기대감으로 흥분하였다. 하지만 발굴 작업에 참여한 그 누구도 이 발견이 잃어버린 고리라고 말한 사람은 한 명도 없었다. 잠시 현대인의 흔적이 지구에서 대부분 사라졌다고 상상해보자. 먼 미래의 외계 행성에서 온 고고학자가 존 '코끼리 인간' 메릭John 'Elephant Man' Merrick[124]과 반햄Barnham 서커스의 엄지손가락 톰Major Tom Thumb을 발견했다고

---

124 존 메릭을 소재로 1980년 〈엘리펀트 맨(The Elephant Man)〉이라는 영화가 만들어졌다.

가정하자. 만약 미래의 고고학자가 이 두 발견으로 지구 문명을 추측한다면 얼마나 빗나간 것일까? 어쩌면 오랫동안 고립된 유인원이 대담하게 직립 보행을 하려고 위험을 감수하다가 멸종되었다고 생각할 것이다. 어쨌든 이것은 인류의 진화 과정이라고 보기 어렵다.

🐾 단계적 개입

스탈린Stalin은 그의 프랑켄슈타인 박사Dr.Frankenstein[125]인 소비에트 생물학자 일리야 이바노비치 이바노프Ilya Ivanovich Ivanov(1870~1932)와 함께 잃어버린 고리를 재생시키기로 결정했다. 그것이 1920년대 후반의 휴먼지 프로젝트Humanzee Project였다. 이바노프는 이미 1910년부터 인간과 침팬지, 오랑우탄과 고릴라를 교차 번식시켜서 살아있고 숨 쉬는 잃어버린 고리의 재생 가능성을 공공연히 염두에 두고 있었다. 아무도 그를 의심하지 않았다. 어쨌든 그는 지동크Zeedonk(얼룩말과 당나귀를 교배)를 만들었고, 소와 영양, 토끼와 쥐 등 온갖 동물을 교배하거나 인공 수정에 성공하였다. 이바노프는 1925년까지 휴먼지 연구 자금을 크렘린Kremlin[126]에서 확보하였고, 모스크바에서 최대한 멀리 떨어진 곳에서 실험이 잘 될 거라고 생각했다. 그래서 그의 아들 일리야와 함께 통제가 엄격하지 않은 아프리카로 향했다. 조금 더 불길한 말로 이바노프는 '모두가 알고 있듯이' 아프리카인이 백인 유럽인보다 인류 조상에 더 가깝기 때문에 아프리카가 가장 적합하다고 생각했다. 게다가 이 기괴한 실험에 사람이 필요했기 때문이다.

1926년 여름 이바노프는 당시 프랑스령이었던 뉴기니의 코나크리Conakry에 살았다. 하지만 이후 무슨 일이 일어났는지 분명하지 않다. 1단계 실험은 암컷 침팬지에게 인간 정자를 수정하는 것에 집중했다고 알려졌다. 하지만 사용방법은 끔찍한 추측만 불러일으켰다. 이바노프는 그 당시와 그 이후에 일어날 사건을 고려해볼 때 불행한 용어인 '준 것만큼 잘 돌려주는' 아프리카 사람으로 시작했다는 것 말고는 그는 연구를 독단적으로 했다.

---

125 영국의 여성 작가 셸리가 지은 괴기 소설. 의학도인 프랑켄슈타인이 시체를 이용하여 만든 초인적 힘을 가진 괴물이 광폭하여 나쁜 짓을 자행하다가 프랑켄슈타인마저 살해하고는 북극해로 모습을 감춘다는 내용이다. 1818년에 발표하였다.
126 러시아 모스크바에 있는 궁전. 14세기에 이반 3세가 건설한 것으로 이후 제정 러시아 황제의 거성이 되었으며, 혁명 후에는 소련 정부와 공산당의 여러 기관이 들어서서 입법, 행정의 중추부 역할을 하였다. 지금은 러시아 정부의 여러 기관이 있다.

2단계 실험은 아프리카 여성에게 침팬지의 정자를 수정하는 것이었다. 하지만 이것이 얼마나 많이 시도되고 실패했는지 알 수 없다. 1927년 프랑스에 나쁜 소문이 퍼지기 시작하면서 이바노프를 러시아로 강제 추방했다. 이바노프는 스탈린의 고향인 그루지아Georgia 수쿠미Sukhumi에 새로운 시설을 제공받았다. 하지만 그의 실험은 어떤 성과도 올리지 못했고, 스탈린 정권의 전통에 따라 나이든 이바노프는 유배지의 편도 표를 받고 2년 후 사망하였다.

🐜 끔찍한 결과

그의 어리석음으로 생긴 타락은 여전히 우리와 함께 있을지도 모른다. 최근까지 대부분 HIV와 에이즈AIDS[127]가 1980년대의 병이라고 생각했지만, 사실 1920년대 후반 언젠가 유인원의 병인 SIV가 종의 벽을 넘어 HIV로 옮겨갔다는 것은 분명하다. 뉴기니가 가장 유력한 발생지 중 하나이다. HIV가 SIV의 변종으로 처음 확인되었을 때, 종의 장벽을 넘어선 것은 정글에서 발생한 인간과 원숭이의 성행위 때문이라는 소문이 무성했다. 보수적인 의학계는 사냥꾼이 숲에서 잡은 야생 동물을 부주의하게 다뤘기 때문이라고 주장했다.

반인 반원숭이 군인

크렘린이 이상한 실험에 자금을 지원한 이유에 대해 이바노프가 알았다는 증거는 없지만, 사실 스탈린과 비밀경찰 책임자 라브렌티 베리아Lavrentiy Beria는 완전히 새로운 반인 반원숭이 군인을 만들려고 계획했다. 침팬지는 본능적으로 무리 지어 다니고, 자연환경에서 조직적인 전쟁에 익숙하기 때문에 사람이 살기 어려운 북쪽에서 자원을 확보하려고 불평 없이 일하고, 그렇지 않을 때는 이상적인 군인이었을 것이다. 올림픽 단거리 선수보다 뛰어나고, 한 손으로 천 파운드의 토크 렌치를 들어 올릴 수 있는 휴먼지는 아마도 무섭도록 잔인하지만, 인간에게 복종하는 능력을 가졌을 것이다. 적어도 그것이 스탈린과 베리아가 희망했던 것이었다.

127 후천 면역 결핍증(Acquired Immune Deficiency Syndrome)

하지만 아프리카 사냥꾼은 수천 년 동안 침팬지와 다른 고대 세계의 원숭이를 사냥하고 도살해왔다. 왜 SIV가 종의 벽을 뛰어넘는데 그렇게 오랜 시간이 걸렸을까?

최근 의학적 견해가 재평가되었고, 이바노프의 실험과 마찬가지로 동시대에 잘못된 길을 걸었던 러시아인 세르게이 보르노프의 실험이 HIV에 어떤 영향을 미쳤는지 다시 살펴보고 있다(42페이지 〈이봐, 이봐, 우리가 원숭이야?〉에서 '고환 치료' 참고).

⛏ 원점으로 돌아가다.

인류 기원의 마지막 단어 하나는 지금까지 아프리카가 현대인의 발상지로 여겨져 왔다는 것이다. 이 생각은 2001년 브라이언 사이크스Bryan Sykes의 논픽션 『이브의 일곱 딸들The Seven Daughters of Eve』 출판과 함께 학계에서 일반 대중에게 알려졌다. 사이크스는 약 20만 년 전에 중앙 아프리카와 동부 아프리카에서 최초의 실제 인간이 출현했다고 추정했다.

하지만 인류학자는 계속 발굴 작업을 하고 있다. 2006년 이스라엘의 로슈하인Rosh Ha'Ayin에 있는 케셈Qesem 동굴에서 인간의 치아, 부싯돌과 석기를 이용하여 살을 긁어낸 흔적이 분명한 수많은 동물 뼈가 발견되었다. 이 유적은 아프리카에서 발견된 것보다 20만 년 빠른 것으로 밝혀졌다. 아프리카에서 더 오래된 유적이 발굴되지 않는다면 당분간 현대인의 발상지라는 성배는 성지가 가지고 있을 것이다.

13
인간을 상에 올리다.

아프리카와 폴리네시아에 식인종이 있었다.

극악무도한 죄인 인간이 같은 인간을 먹는 식인에 대한 생각은 고대부터 많은 문명이 관심을 가져왔다. 힌두와 그리스 신화에서 신이 자식을 먹는다거나 복수심에 불타는 아내가 남편이 가장 좋아하는 아들을 자기도 모르게 먹게 하는 이야기가 나온다. 오늘날 사람은 여전히 욕망의 대상을 먹는다는 것에 초점을 맞추고, 성욕에도 많은 비유가 존재한다.

🏛 교황의 폭정

고대에는 숭배하는 신과 제사장에게 제물을 바치고 신 대신 제물을 먹는 관습이 존재하였다. 하지만 이것은 신성하고 종교의식으로 치러지는 독특한 식인 행위였을 것이다. 그 의식은 단지 피나 심장 같은 선택된 신체 일부를 먹는 것이었다. 보통 이것을 먹는 사람은 천국에 가거나 부활을 약속받는 행위였다. 현재 이런 생각이 매우 원시적으로 보이지만 오늘날 기독교인은 평소 은유적인 의식에 참여하고 있다. 미사나 영성체에서 포도주와 성체를 '그리스도의 몸과 피'로 나타내는 것처럼 말이다.

고대에 이런 독특한 행위가 있었다는 것은 역사에서 증명되었지만, 오랫동안 대중은 아프리카와 폴리네시아의 수많은 마을에서 주식으로 사람을 먹는다고 믿었다. 20세기 말까지 사람들은 널리 알려진 인류학적 '사실'을 의심하지 않았다. 많은 탐험의 목표가 되었으며, 수익성이 높은 강연들이 대중에게 식인종의 개념을 주입했다. 오늘날 〈인디아나 존스Indiana Jones〉나 〈잃어버린 세계Lost World〉 같은 영화에서 원주민이 누군가를 약한 불의 솥에 넣는 장면이 한 번쯤 나오지 않으면 영화가 끝나지 않았다. 원주민은 섬뜩하게 생겼고, 뼈 장신구로 장식하였으며, 음식이 될 때까지 솥 둘레에서 춤추고 있다. 이런 공상을 퍼뜨린 사람은 누구인가? 그건 15세기의 바티칸과 새로운 세계를 소유하려는 탐욕스러운 정복자였다.

⛰ 대항해시대

15세기부터 17세기에 걸친 대항해시대는 가톨릭 국가인 스페인과 포르투갈이 신세계 발견의 중심에 서 있었다. 이 새로운 땅에서 채굴되는 금과 은 말고도 노예로 얻을 수 있는 이익은 어마어마했다. 당연히 바티칸은 노예 문제 자체가 골칫거리였기 때문에 이 노예무역을 정당화하려고 무언가 적당한 변명이 필요하였다. 교황과 수많은 추기경도 노예를 소유하였고, 교황청 해군의 배는 쇠사슬에 묶인 노예가 노를 저었다. 게다가 성경이 모든 종류의 노예를 인정한다는 신성한 정당성으로 넘쳐났다. 예를 들어, 민수기 31장[128]에 모세는 이스라엘 백성에게 '다만 남자와 잠자리를 같이하지 않아 사내를 안 일이 없는 여자아이들은 너희를 위하여 살려주어라.'라고 불과 10세 소녀를 성노예로 만들겠다고 쓰여있다. 하지만 바티칸은 이것을 유럽의 사람들에게 알리고 싶지 않았다.

한 가지 기억해야 할 것은 당시 성경은 라틴어로만 쓰여있었고, 성직자가 아닌 사람이 책을 들춰보면 화형에 처하던 시절이었다. 식인종이 이상적인 해결책을 제시했던 것 같다. 무엇보다 모두가 신의 자식이기 때문에 그들이 식인종으로 밝혀지지 않는 한 어떤 새로운 땅의 원주민도 노예가 될 수 없었다. 하지만 식인종은 신이 지배하는 짐승보다 낮은 위치에 있으므로 신의 자식이 아닌 원주민을 바티칸은 지배할 수 있었다.

---

128   모세 오경 가운데 네 번째 책. 탈출기 이후 40년 동안의 유랑 생활과 두 차례에 걸친 인구 조사 그리고 율법 따위가 기록되어있다.

· 콜럼버스의 상륙 ·

🚢 식인종의 탄생

스페인의 여왕 이사벨라 1세Isabella I와 그녀의 남편 아라곤Aragon[129]의 왕 페르디난드 2세Ferdinand II는 외국 땅의 순박한 사람들에게 '정복자' 콜럼버스를 보내기 전에, 무력 사용을 반대하는 '로드리고 보르자'로 더 알려진 교황 알렉산데르 6세Alexander VI에게 정복 문제를 해결해 달라고 요청했다(62페이지 〈한결같은 어리석음〉에서 '역경을 이겨내고' 참고). 교황은 아주 기쁜 마음으로 세계 지도에 악명 높은 경계선을 만들었고, 스페인은 오른쪽, 포르투갈은 왼쪽을 가지라고 결정하였다.

그래서 1492년 콜럼버스는 예상대로 아메리카로 향했다. 카리브 해에 도착하자 콜럼버스는 마음대로 칸니바Canniba 원주민을 잔인한 식인종이라고 선언하고, 그들을 학살하거나 사냥했다. 이것이 그의 첫 번째 중요한 업적이었기 때문에 자연스럽게 불쌍한 원주민 이름에서 식인종을 뜻하는 '카니발Cannibal'이라는 말이 생겨냈다. 당연히 다른 탐험대도 신세계에 도착하자마자 모든 사람이 식인종이라고 선언하고, 잡아가거나 그보다 더 나쁜 짓도 했다. 스페인은 아이티Haiti에

---

129 스페인 동북부에 있는 지방. 1035년에 독립하여 사라고사에 수도를 세운 왕국이었으나 1516년에 스페인에 편입되었다.

서만 불과 30년 사이에 타이노Taino 원주민을 50만 명에서 350명으로 만들었다.

• 1891년 간행한 책의 콜럼버스 상륙 •

자신의 터무니없는 주장을 정당화하려고 노예사냥에서 돌아온 탐험대는 끔찍한 선전용 책자를 만들었다. 거기에는 잡혀서 묶인 사람이 솥 안에서 우울하게 학대받는 인질 그림으로 가득 찼다. 이 책자는 18, 19세기 초 인류학자에게 표준 자료가 되었고, 그들은 무시무시한 식인종을 찾아 나섰다. 하지만 그들의 탐험이 성공한 적은 한 번도 없었다. 인류학자가 찾아간 마을에서 스스로 식인종이라고 인정한 곳은 하나도 없었다.

• 남아메리카 원주민의 초기 상상도 •

🦐 앞뒤가 맞지 않는다.

초기 인류학자가 거짓을 밝혀내는 기본적인 질문을 하지 않은 것은 정말 놀라운 일이다. 예를 들면 석기 시대와 같이 생활하는 아프리카나 폴리네시아 사람들이 어떻게 서너 명을 요리할 수 있을 만큼 큰 쇠솥을 가지고 있었을까? 게다가 숫자로도 계산이 맞지 않는다. 원주민은 식량도 제대로 없었고, 아주 가혹하고 체력을 많이 요구하는 삶을 살았다. 평균적으로 마른 몸매의 원주민 한 사람에게서 얻을 수 있는 고기는 10파운드약 4.5킬로그램 정도로, 어른이 100명인 마을이라면 식사 한 번에 10명의 희생이 필요하다. 1년 동안 식인종 마을 하나가 인근 마을 사람 4천 명을 먹어치울 것이다. 그 지역 인구 수준을 생각하면 현실을 벗어난 이야기다.

인류학자는 합리성의 문제도 해결하지 못했다. 숲과 강에서 훨씬 더 많은 고기를 구할 수 있었고, 동물은 화살을 쏘지도 않는다. 게다가 의학적으로 자기와 같은 종족인 사람을 먹는 것은 위험하다. 인간이 가지고 있는 위험한 프라이온Prion[130] 단백질은 크로이츠펠트-야콥병CJD이나 '광우병'과 비슷한 뇌 질환을 일으키는 단백질의 일종이다. 장례식에서 식인하는 것으로 알려진 몇 안 되는 부족 중 하나인 파푸아 뉴기니Papua New Guinea의 포레Fore 족은 1950년대 말 쿠루kuru라는 크로이츠 펠트-야콥병과 비슷한 병으로 거의 멸종하였다.

인류학자는 고대인의 뼈에 도살한 흔적이 있다고 말하지만 그런 상처가 어디서 발생한 것인지 알 수 없다. 굶주려서 사람을 먹는 것은 분명히 문명화된 서양에서 더 많이 알려져 있다. 미국 버지니아Virginia주 제임스타운Jamestown에 처음 들어온 영국 정착민은 1609년 식량이 떨어지자 서로 먹기 시작했고, 1972년 제2차 세계대전의 레닌그라드Leningrad[131] 전투에서 러시아인은 살아남으려고 동료를 먹었다. 게다가 1972년 안데스Andes 산맥에 추락한 비행기의 생존자가 무엇을 먹었는지 누구나 알고 있다.[132] 실제로 확인된 식인 사례는 대부분 백인 유럽 사람과 관련 있다.

---

130 단백질로만 이루어진 병원체. 중추 신경에 감염되는 스크래피(scrapie) 따위의 병을 일으킨다고 생각되나 아직도 명확한 병리 작용이 잘 알려지지 않았다.
131 '상트페테르부르크'의 전 이름
132 1993년 영화 〈얼라이브(Alive: The Miracle Of The Andes)〉의 소재가 되었다.

🍴 배가고픈패커

굶주려서 사람을 먹은 것이 처음 고발된 것은 19세기 미국의 유명한 알프레드 '알퍼드' 패커Alfred 'Alferd' Packer(1842~1907) 사건이었다. 1873년 11월 패커는 어리석게도 콜로라도Colorado주 구니슨Gunnison에서 금 시굴자 일행을 데리고 산에 들어갔지만 날씨가 바뀌면서 오두막에 갇혀 버렸다. 패커는 산에서 내려가기 전에 얻을 수 있는 식량은 말 그대로 자신의 손님밖에 없음을 깨달았다. 패커가 구니슨으로 돌아왔을 때 고난을 헤치고 온 사람치고는 놀랍게도 혈색이 좋아서 사람들은 궁금했다. 그의 대답을 듣고는 모두 얼어붙고 말았다.

뒤이은 패커 재판은 미국에서 유명하였고, 특히 판사의 선고문은 더 유명하다. 공화당이 우세한 콜로라도주의 민주당Democratic 출신 판사 멜빌 B. 게리Melville B. Gerry는 분명히 피고에게 개인적인 원한을 품었음에 틀림없다. 게리판사는 패커에게 형을 선고하고 이렇게 말했다.

> "너 이 자식, 패커, 너는 힌즈데일 카운티Hinsdale County 전체에 민주당원이 일곱 명밖에 없는데, 이 비열한 놈, 네가 다섯 명이나 먹어버렸어!"

14
비난받은 쥐들

중세의 흑사병은 가래톳 페스트이고 쥐벼룩이 전염시켰다.

중세에 유럽은 무서운 전염병이 창궐하였다. 모두 '흑사병The Black Death'이라고 불렀던 이 전염병은 런던 대화재Great Fire of London[133] 바로 1년 전인 1665년에 퍼졌다. 흑사병이란 단어는 19세기 초반까지 없었다. 오랫동안 페스트Pest[134]는 쥐벼룩이 림프[135]계를 감염시켜서 림프샘[136]이 부어오르는 고통스러운 발작을 일으키는 가래톳 페스트Bubonic[137]라고 전해졌다. 하지만 쥐는 너무 오랫동안 비난을 받은 것처럼 보인다.

수상한 냄새가 나다.[138]

가래톳 페스트를 쥐벼룩이 옮긴다는 것은 1894년까지 알지 못했다. 전염병 전문가, 인류학자, 인구 통계학자인 제임스 우드James Wood 박사는 가래톳 페스트가 18세기 후반 이전에 유행한 흔적을 찾기 어렵다고 말했다. 그 이전에 가래톳 페스트가 있었다는 것은 확실하지만 언제인지 전혀 알 수 없었다.

---

133 1666년에 영국 런던에서 발생한 대화재. 빵 가게에서 우연히 발생한 화재로, 닷새 만에 주택 1만 3천여 채와 많은 교회 건물, 공공건물 따위가 불탔다.
134 페스트균이 일으키는 급성 전염병. 오한, 고열, 두통에 이어 권태, 현기증이 일어나며 의식이 흐려지며 죽는다. 폐페스트의 경우에는 피부가 흑자색으로 변한다.
135 고등 동물의 조직 사이를 채우는 무색의 액체. 혈관과 조직을 연결하며 면역 항체를 수송하고, 장에서는 지방을 흡수하고 운반한다.
136 포유류의 림프관에 있는 둥글거나 길쭉한 모양의 부푼 곳. 림프구, 대식 세포 따위로 이루어져 있으며, 림프에 섞인 병원균이 옮겨 가는 것을 막는 역할을 한다.
137 페스트균에 감염되어 림프샘이 붓고 아픈 병. 페스트에 걸린 쥐나 페스트 환자를 물었던 쥐벼룩에 물려서 옮는데, 균이 발생시킨 독소가 간이나 지라에 퍼져 의식 혼란과 심장 쇠약 증상이 나타나며, 1주일 안에 사망한다.
138 원문 Smelling a rat은 '쥐의 냄새를 맡다.'라는 의미가 '수상히 여기다.'의 의미로도 사용된다. 저자의 언어유희

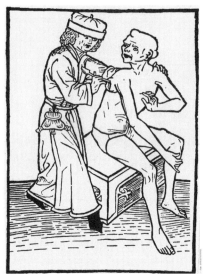

• 의사가 가래톳 페스트 환자의 림프샘을 절개하고 있다. •

그런데도 가래톳 페스트라는 생각은 20세기 들어서도 계속되었고, 이 견해에 의문을 가진 학자와 역학자가 나타났다. 그들은 탄저병[139]처럼 호흡기를 통해 사람에게서 사람으로 감염되는 폐페스트Pneumonic[140]라는 학설을 주장했다. 페스트의 정확한 특징에 따라 그들 사이의 개인적인 의견은 달랐지만 하나의 기본 전제는 일치했다. 가래톳 페스트를 주장하는 기존 학설은 터무니없다는 것이다.

거대한 불덩이

1665년에 창궐한 페스트 때문에 1666년에 발생한 런던 대화재의 희생자가 적은 것은 다행이었다. 확인된 사망자는 겨우 6명이었다. 이 대도시에 페스트가 닥쳤을 때 65만 명의 인구 가운데 절반은 즉시 다른 지역으로 대피했다. 수도에 남은 사람의 반은 병으로 죽었다. 그래서 대화재가 났을 때 런던은 사실 유령 도시와 다름없었다.

---

139 탄저균으로 인하여 내장이 붓고 혈관에 균이 증식하는 병. 소, 말, 양 따위 초식 가축에 주로 발생하며 사람에게 옮기도 한다.
140 페스트균이 폐를 광범위하게 침범하여 발생하는 병. 피부가 검은색으로 변하며, 사망률이 매우 높은 전염병이다.

17세기부터 최근까지 대부분 페스트는 불로 태워버려야 없어진다고 생각하였다. 하지만 페스트 소굴로 불린 혼잡한 빈민가는 대부분 타지 않았으며, 다른 유럽 교외 지역에서도 화재가 발생한 곳은 없었지만, 페스트가 모두 사라졌다. 게다가 도망친 런던 사람들이 페스트를 옮겼다는 것은 가래톳 페스트라는 오랜 믿음과 모순이다.

• (감염될지도 모르는데) 도와주는 사람들이 페스트 환자 바로 옆에 서있다.[141] •

🐀 너무 빠른 감염 속도

중세의 페스트가 쥐벼룩이 전염시키는 가래톳 페스트라는 학설은 문제가 많다. 페스트가 유럽을 무서운 속도로 감염시켰다는 것은 쥐벼룩이 전염시키지 않았다는 것을 의미한다. 페스트는 1주일에 10~15마일16~24킬로미터의 속도로 광범위하게 퍼졌으며, 몇 마일 앞에서 산발적으로 발생하면서 갑자기 퍼져버렸다. 가래톳 페스트는 지금도 가끔 발생하며, 특히 열대나 아열대 지역에서 여전히 발생한다. 오늘날 교통의 발달과 많은 사람의 이동에도 불구하고 최

---

141 당시에는 쥐로부터 전염된다고 생각해서 바로 옆에서 간호했지만 더 빨리 전염되는 원인이 되었다고 저자가 주장하고 있다.

근 가래톳 페스트는 1년에 겨우 15~20마일24~32킬로미터의 속도로 전염되며, 치료받은 감염자의 사망률은 3퍼센트 정도이다. 2004년 10월 인도 우타랑클Uttaranchal의 당그도Dangud 마을에서 가래톳 페스트가 발생했다. 가래톳 페스트는 순식간에 퍼졌지만, 마을에서 숨진 사람은 332명 가운데 3명뿐이었다. 의료 구호가 도착했을 때 감염은 주변 마을에 퍼지지 않았다. 가래톳 페스트가 어떻게 평소보다 100배나 더 빨리 움직여서 40퍼센트의 사람을 죽일 수 있었을까?

중세에 페스트와 싸우면서 수수께끼 같은 면역이 생겼다는 이야기도 오늘날 발병하는 현상과 맞지 않는다. 중세에 페스트는 매년 발생했으며, 희소병이 아니었다. 그런 상황에서 두 세대 동안 사망률이 40퍼센트에서 4퍼센트로 떨어지는 경우도 있었으며, 결국 면역이 생기지 않은 아이들만 공격했다. 하지만 현대의 가래톳 페스트에서 한 번 감염되면 면역이 생긴다는 증거는 찾을 수 없다.

마지막으로 쥐와 벼룩 자체가 의심된다. 아이슬란드Iceland와 같이 19세기까지 쥐가 전혀 살지 않았던 나라도 왜 페스트가 광범위하게 확산하고 치명적이었을까? 게다가 최대의 수수께끼는 벼룩이 절대 살 수 없는 온도와 습도 환경에서 어떻게 페스트가 발생했을까?

🦟 의문 속에서

1980년대 이후 가래톳 페스트가 아니라고 주장하는 단체는 점점 더 목소리를 높였으며, 여전히 가래톳 페스트라고 믿는 사람에게 심각한 의문을 제기했다. 최초의 중요한 대안적 사고는 영국 동물학자 그레이엄 트위그Graham Twigg 박사가 『흑사병: 생물학적 재평가The Black Death: A Biological Reappraisal(1984)』에서 탄저병이 범인이라고 주장한 것이다. 영국 리버풀대학교University of Liverpool의 의료 통계학자 수전 스콧Susan Scott과 크리스토퍼 J. 던컨Christopher J. Duncan을 비롯한 사람들은 『페스트의 생물학The Biology of Plagues(2005)』에서 가래톳 페스트는 쥐벼룩이 인간에게 개별적으로 옮기는 질병이지만 중세의 페스트는 에볼라 바이러스Ebola virus처럼 사람이 사람에게 감염시켰다고 주장했다. 그리고 폐 탄저균의 유형을 포함하여 다른 이론들도 영국 글래스고대학교Glasgow University의 중세 역사학 교수인 새뮤얼 클라인 콘Samuel Kline Cohn의 『흑사병의 전염The Black Death Transformed(2002)』에서 연구했다.

가래톳 페스트라고 믿는 사람들은 압도적인 증거에도 불구하고 의심하는 사람들을 '페스트 부정론자'라고 무시했다. 하지만 페스트 부정론자는 흑사병에서 단순한 전염성이 나타난 것을 부인한 적이 없었다. 그들은 단지 전염병의 특징만 의문을 가졌다.

실제로 가래톳 페스트의 병원체가 쥐벼룩이라고 가정해보자. 쥐벼룩이 숙주를 감염시키고, 그것이 죽어야만 다른 숙주로 이동한다. 이런 방법으로 쥐가 심각하게 줄어들면 벼룩은 다시 고양이와 개로 이동할 것이다. 고양이와 개의 숫자가 너무 적을 때만 사람으로 이동할 것이다. 그러면 당연히 사람이 가래톳 페스트에 걸리기 전에 쥐, 고양이, 개가 현저하게 줄어들어야만 한다. 하지만 14세기부터 17세기의 역사서 어디를 봐도 페스트가 유행하기 전에 쥐, 고양이, 개의 사체로 넘쳐났다는 것은 찾을 수 없다.

그때와 지금

흑사병이 창궐하는 동안 기록된 가래톳 페스트의 알려진 징후와 증상을 비교해보자. 현대의 가래톳 페스트는 사타구니에서만 염증이 나타난다. 벼룩은 발목보다 더 높은 곳에 있는 사람의 몸을 물 수 없으며 감염될 수 있는 가장 가까운 림프샘은 사타구니에 있다. 중세 역사서에는 가래톳 페스트 감염으로 환자의 전신, 심지어 귀 뒤에도 염증이 생겼다고 전한다.

또한 중세의 의사는 가래톳 페스트에서 볼 수 없는 수포가 있는 염증과 농양을 기록했고, 특히 검은 농양은 가래톳 페스트에서 볼 수 없는 탄저병Anthrax의 전형적인 증상이다(탄저병Anthrax은 석탄의 라틴어에서 파생되었으며, 무연탄Anthracite과 자매 단어이다.).

당신이 모르는 과학의 진실

* 나그네쥐Lemming는 절벽에서 집단으로 자살하지 않는다.
* 지렁이를 자르면 각각 살아서 두 마리가 될 수 없다.
* 치타는 시속 70마일113킬로미터로 달릴 수 없다.
* 하이에나는 개가 아니라 고양잇과이다.
* 보아 뱀은 먹이를 잡아먹지 않고 질식시킨다.

· 흑사병 의사의 옷차림 ·

이제 전국적 유행병의 확산 속도를 생각해보자. 쥐는 일단 서식하기에 적당한 장소를 발견하면 둥지를 트는 경향이 있으며, 상황이 안 좋거나 먹이가 떨어지면 1마일1.6킬로미터 정도 이동한다. 이것은 쥐가 감염시켰다면 현대의 가래톳 페스트가 느리게 진행하는 것을 설명할 수 있지만, 흑사병의 전파 속도와 전혀 일치하지 않는다. 게다가 쥐가 감염시켰다면 어떻게 흑사병이 알프스와 피레네Pyrenees 산맥[142]을 넘어 쥐가 없는 아이슬란드와 그린란드Greenland로 긴 여행을 떠났을까? 배를 타고 갔다고 대답할지 모르지만, 항해에 걸린 시간과 가래톳 페스트의 잠복기를 합치면 유럽의 해안을 따라 죽은 쥐와 선원으로 가득 찬 배가 떠내려왔다는 기록이 있을 것이다. 하지만 그런 기록은 어디에도 없다.

만일 쥐가 감염시켰다면 어떻게 흑사병은 항상 무역 경로를 따라 퍼졌고, 왜 감염 확산을 막으려고 검역했을까? 확실히 쥐가 감염시켰다면 이미 감염된 환자를 격리하는 것은 전혀 효과가 없었을 것이다. 왜냐하면 감염된 환자가 다른 사람에게 전염하지 않기 때문이다. 그게 사실이라면, 왜 늘 환자의 곁에 있는 의사와 성직자의 사망률이 그렇게 압도적으로 높았던 것일까?

쥐벼룩 자체는 어떨까? 벼룩은 화씨 50도와 78도섭씨 10도와 25도 사이 온도와 다습한 환경에서 번창한다. 콘 교수가 모든 흑사병의 발생을 조사하고, 토지의 기후와 환경을 서로 참조한 결과 흑사병이 많이 유행한 곳은 대부분 쥐벼룩이 도저히 살 수 없는 환경과 일치했다.

🦐 딱 맞는 사례

가래톳 페스트를 주장하는 사람들은 영국 더비셔Derbyshire의 에이암Eyam 마을의 경우를 항상 예시로 제시했다. 1665년 8월 말에 재단사인 조지 비커스George Vicars는 런던에서 옷감을 배달받았다. 그는 병에 걸린 쥐벼룩을 풀어놓은 것처럼 9월 7일에 포장을 뜯자마자 사망하였다. 하지만 탄저설 지지자는 포자가 감염된 양모, 옷감, 그 밖의 다른 동물 제품에서 몇 년이나 살 수 있다는 것을 아주 정확히 지적하고 있다.

에이암 마을에 발생한 흑사병의 원인이 무엇이든 비커스는 죽기 전에 다른 사람에게 감염시켰다. 이런 상황은 가래톳 페스트에서는 있을 수 없는 일이라는 것을 다시 주목할 필요가 있다. 대담한 마을 주민은 목사 윌리엄 몸페슨William Mompesson(1639~1709)의 지시로 페스트의 진행을 멈추고 주변 마을로 퍼

---

142 프랑스와 스페인의 국경에 걸쳐 있는 산맥

지는 것을 막기 위해 오랫동안 스스로 검역하고 격리하는 마을의 전통을 유지했다. 전통에 따라 모든 것을 운에 맡겼고, 에이암 마을 사람이 필요한 음식과 다른 생활필수품은 다른 마을에서 어떤 정해진 곳으로 보내주었다.

에이암 전설

오염된 것을 식초에 담그는 이야기는 어디서 나왔을까? 그 당시 사람은 세균, 박테리아와 바이러스를 전혀 알지 못했다. 1870년대 루이 파스퇴르의 실험으로 의료계가 세균설을 받아들였다(86페이지 〈천국의 냄새〉 참고). 그 이전에 질병은 나쁜 공기와 악취로 발생한다고 생각했다. 그런데 어떻게 에이암 마을 사람은 의학 지식보다 200년이나 앞서서 식초에 담그는 것을 생각했을까?

에이암 마을의 흑사병 전설은 자주 들었던 무서운 페스트의 비극을 본 동네 아이가 동요 〈링어링로제스Ring-a-Ring o'Roses〉를 만들었다는 전설의 밑바탕이 되었다. 하지만 당시 기록에는 노래에 나오는 '붉은 반점'이나 '아주 심한 재채기'는 언급된 적이 없으며, 『옥스퍼드 동요 사전Oxford Dictionary of Nursery Rhymes』에는 이 노래가 뉴잉글랜드New England [142]에서 수입된 노래로 1880년대 이전에는 알려지지 않았다고 전한다.

이런 터무니없는 시간에 감사를 표시하고 싶지 않았던 다른 마을 사람들은 배달한 물건의 대가를 요구했다. 오늘날 에이암의 안내자는 진지하게 이 교환소의 돌에 움푹 들어간 부분을 가리키면서, 전설에 따르면, 동전이 감염되는 것을 막기 위해 '식초에 담그는 자리'라고 설명한다. 마을 사람들의 격리는 14개월 동안 계속되었고, 350명 중 83명만이 살아남았다. 만일 마을을 덮친 전염병이 정말 가래톳 페스트였다면 쥐가 마을에 들어가는 것을 막지 않고 격리하는 것은 아무런 소용이 없었을 것이다.

이 이야기를 뒷받침할 당시 문서는 하나도 없기 때문에 에이암 마을의 사례를 지나치게 강조하는 것은 불공평할지도 모른다. 아마도 350명의 격리된 마을 사람들은 치사성이 높은 전염병을 그리 오래 버티지 못했을 것이다. 확실히 14개월 동안은 아니다. 일부 마을 사람은 마을을 떠났고, 몸페슨 자신도 두 아이를 셰필드sheffield로 데려간 것이 나중에서야 밝혀졌다.

---

143 미국 동북부 대서양 연안에 있는 지역을 통틀어 이르는 말

15
당신의 아버지는
누구일까?

어머니 옛 애인의 유전자를 아이가 가졌을지도 모른다.

인간은 출산할 수 있도록 태어나지만 어떤 사람은 함께 가정을 이루고 싶은 특별한 사람을 찾는 데 너무 오랜 시간이 걸린다. 선부 유전설Theory of telegony 은 어머니가 예전에 성관계한 상대의 특징을 아이에게 물려준다고 믿는 특히 수상한 과학의 산물로 상대를 현명하게 선택해야 한다고 주장한다.

🎗 이 생각의 시작

선부 유전설은 아리스토텔레스까지 거슬러 올라가서 19세기 후반까지 믿었다. 이 학설은 여성이 단지 성관계와 출산을 담당하는 사람이라는 어리석은 생각에서 태어났다. 여자는 성관계한 모든 상대로부터 지워지지 않는 '각인 Imprint'을 받는다고 믿었다. 첫 상대로부터 받은 각인이 가장 강력하고, 그다음 상대는 각인이 점점 약해진다고 생각했다.

여성을 혐오하는 사람들은 이 학설이 익숙하겠지만 선부 유전설은 1984년 DNA 분석이 발명되기 전까지 이해할 수 없었던 특이한 임신의 수수께끼를 푸는 데 도움을 주었다. 과학의 발전으로 특별한 상황에서 두 명의 생물학적 아버지를 가진 쌍둥이가 태어날 수 있다는 것이 밝혀졌다. 가장 최근의 사례로 미국 텍사스Texas주 댈러스Dallas의 미아 워싱턴Mia Washington은 2009년 5월 일반 건강 검진에서 열한 살짜리 쌍둥이의 아버지가 다르다는 사실이 발견되었다.

미아가 쌍둥이를 임신했던 시간에 다른 남자와 불륜이었고, 정기적으로 두 남자와 성관계를 가졌다. 정자는 여성의 체내에서 최대 5일까지 살아남을 수 있으므로, 아마도 두 남자의 정자가 서로 몇 시간 내에 미아의 난자와 수정했기 때문이었다. 관계한 두 사람이 모두 흑인이었기 때문에 아이가 태어났을 때 놀랄 일은 하나도 없었다. 11년이 지난 후 일반 건강 검진이 끝나고서야 마침내 진실이 밝혀졌다.

흑인 아이와 백인 아이가 같은 어머니에게서 동시에 태어난 경우도 있었다. 그중 하나는 전후 베를린에서 독일인 백인 연인과 미국인 흑인 병사와 동시에 잠자리를 가졌던 독일인 백인 여성에게서 나타났다. 2천 년 전에 그런 일이 일어났다면 고대인이 어떻게 이해했을 지 오직 상상만이 가능하다. 아무튼 그런 사건이 선부 유전설에 영감을 주었는지는 아무도 알 수 없을 것이다.

🏋 억지로 끼워 맞춘 선부 유전설

다른 사회에서는 선부 유전설의 규칙을 다른 방법으로 해석했다. 고대 유대 전통은 성경에 나오는 오난Onan(오나니즘이나 자위로 알려진 개인적인 성행위를 만든 것으로 알려졌다. 119페이지 상자 참고)의 경우처럼 복잡한 형태의 결혼을 허용했다. 유대 율법에 '이범 결혼Yibbum marriage'으로 알려진 토라법Torah Law에서 조금 이해되는 부분은 만약 여성이 아이를 낳을 수 있는 나이인데도 과부가 되었다면 고인의 형제가 기혼, 미혼에 상관없이 그녀와 결혼해야만 한다는 것이다.[144] 그의 역할은 죽은 형제의 가족을 계승하기 위해 아들을 낳는 것이다. 유대 관습은 과부가 이미 고인에게 각인되었기 때문에 아이를 계속 낳으려면 형제만큼 확실한 선부 유전 복제품은 없다는 선부 유전설의 전제 조건을 따른 것이다.

---

144 우리나라의 부여(夫餘)에도 형사취수(兄死娶嫂)라는 형이 죽으면 형수를 부양하던 풍습이 있었고, 재산 상속과 관련이 있다.

성경의 선부 유전

성경에서 오난Onan은 신God이 형을 죽인 후 형수 다말Tamar과 결혼하라는 신의 지시를 받았다. 오난은 욕심이 많았고 아이가 없으면 형의 유산은 자기 것으로 생각했기 때문에 죽은 형의 유산을 물려받을 상속자를 왜 만들어야 하는지 이해할 수 없었다. 전설에 따르면 자위에 빠진 게 아니라 다말과 성관계는 했지만 사정 직전에 몸을 떼고 '그것을 바닥에 쏟아 버리곤 하였다.(창세기 38장 8절~10절)처럼 그녀에게 사정하는 것을 피했다. 신은 오난도 죽였기 때문에 그의 아버지 유다는 선부 유전설에 따라 자신이 직접 그 역할을 해야 한다고 생각했다.

중세 영국은 선부 유전설을 강력하게 믿었고, 검은 왕자The Black Prince 에드워드Edward가 '켄트의 아름다운 아가씨The Fair Maid of Kent' 조앤Joan과 결혼하려고 하자 반대파의 주요 근거가 되었다. 선부 유전은 신부가 '각인이 없는' 처녀인 것이 중요했지만 열두 살에 처음 결혼하였고, 스무 살에 재혼한 조앤은 이미 성경험이 있었다. 왕족과 귀족이 자식의 선부 유전적 오염을 무시하고 과부, 이혼녀, 평민과 결혼하는 유일한 방법은 귀천상혼貴賤相婚, Morganatic marriage이라는 제도뿐이었다.

이런 편리한 편법은 결혼식 다음 날 아침Morning(초기 독일 단어로는 Morgan)에 신랑이 신부에게 처음으로 선물을 주었는데, 이것이 결혼 생활에서 신부가 받을 수 있는 유일한 혜택이었다. 가장 중요한 것은 결혼해서 태어난 모든 아이는 아버지 가족의 계보에서 제외되었으며, 법적인 신분은 서자보다 한 단계 높다는 것이었다.

귀천상혼은 소수의 유명 왕족에게 매우 인기 있었다. 오스트리아-헝가리Austro-Hungarian 제국의 왕위 계승자인 프란츠 페르디난트Franz Ferdinand 오스트리아 대공과 그의 애인 조피 호테크Sophie Chotek에게 그런 결혼을 강요했다. 이후 페르디난트 대공이 1914년 사라예보Sarajevo에서 암살당하여 제1차 세계대전이 일어났다. 조피는 유럽의 현재 왕족도, 과거 왕족도 아니었기 때문에 대공의 적합한 결혼 상대가 될 수 없었다. 하지만 그는 깊은 사랑에 빠졌고, 프란츠 조셉Franz Joseph 오스트리아 황제가 귀천상혼을 허락한 후에 결국 그녀와 결혼을 할 수 있었고, 그의 고집은 성공하였다. 또한 영국 왕 에드워드 8세Edward VIII가 미국인 이혼녀 월리스 심슨Wallis Simpson과 결혼하려고 비슷한 시도를 실패하면서 그의 통치는 엄청 짧게 끝나버렸다.[145] 스탠리 볼드윈Stanley Baldwin 수상이 결혼을 반대했고, 에드워드 8세는 퇴위하기로 결정했다.

⛏ 생각이 더 굳어지다

영국의 철학자이자 생물학자로 '적자생존'이란 단어를 만든 데에 책임이 있는 (47페이지 〈멘델에서 멩겔레까지〉 참고) 허버트 스펜서Herbert Spencer는 철학자 아서 쇼펜하우어Arthur Schopenhauer(1788~1860)처럼 선부 유전설이 근거 있는 학설이라고 생각했다. 스펜서는 골상학도 근거 있는 과학이라고 생각하는 사람이었지만, 쇼펜하우어의 여성관도 의심스럽다. 쇼펜하우어는 1851년 그의 수필 『여성에 대해Of Women』에서 '여성은 정신적으로나 육체적으로나 위대한 일에 맞지 않는다.'고 말했다. 알려진 바와 같이 다윈도 유명한 모튼 경의 암컷 말 이야기를 듣고 선부 유전설의 함정에 빠져버렸다.

1821년 모튼Morton의 16대 백작 조지 더글러스George Douglas는 콰가Quagga(지금은 멸종한 얼룩말)와 암컷 말을 교배했을 때 이상한 일이 벌어졌다고 세계에서 가장 오래된 과학 학회 중 하나인 왕립학회Royal Society에 보고했다. 이전에 콰가와 교배했던 암컷 말을 나중에 흰 수컷 말과 교배했는데 콰가의 줄무늬가 다리에 있는 망아지가 태어났다는 것이다. 우연의 일치일 가능성이 가장 높지만 모튼의 말은 그의 입장과 같이 선부 유전설의 증거로 받아들여졌다. 다른 망아지를 따로 조사한 기록은 찾을 수 없었다. 다윈은 확실히 그 이야기를 믿었고, 『종의 기원On the Origin of the Species(1859)』과 다른 저술에서도 그 사건을 인용하였다.

자연스럽게 인종 차별주의자는 '바람직하지 않은 사람'과 백인 소녀의 접촉을 막기 위해 과학적으로 뒷받침하려고 선부 유전설을 금세 차용했다. 미국 남북 전쟁 이후 나타난 끔찍한 큐 클럭스 클랜Ku Klux Klan, KKK[146]은 1950년대까지

---

145 2010년 영화 〈킹스 스피치〉는 에드워드 8세가 퇴위하면서 생긴 일을 다룬 영화이다.
146 1998년 영화 〈미시시피 버닝(Mississippi Burning)〉은 흑인의 참담한 현실과 KKK단을 비롯한 백인의 무자비한 폭력을 다룬다.

미국 남부 소녀들에게 단 한 번이라도 흑인 남자와 키스하면 수정 능력이 오염돼서 백인 남자와 결혼해도 흑인 아기가 태어날 거라고 말했다.

• 우연히 태어난 잡종 콰가 그림 •

1900년 그레고어 멘델Gregor Mendel의 획기적인 유전학 연구의 재발견은 선부 유전설의 죽음을 알리는 신호였다(49페이지 〈멘델부터 멩겔레까지〉에서 '유전이 열쇠를 쥐고 있다.' 참고). 현대 유전학의 아버지인 멘델의 실험은 여러 세대에 걸쳐 어떻게 형질이 유전되는지 증명했다. 이 유전법칙은 선부 유전설의 어리석음을 밝히고 과학의 역사에서 추방시켰다. 아니면 '멘델의 유전법칙'이 '우성'이고 '선부 유전설'이 '열성'이던가?

멘델 업적에도 불구하고 선부 유전설을 믿는 사람은 여전하고, 아직도 남아 있다. 이전의 KKK처럼 히틀러는 아리아인이 아닌 다른 사람과 소녀들이 접촉하는 것을 두려워하게 만들려고 선부 유전설을 이용했다. 최근 2004년 러시아 정교회는 『처녀성과 선부 유전Virginity and Telegony』을 발행하여, 소녀들에게 결혼하고 태어난 아기의 생김새가 예전 애인을 닮을 수 있으므로 그녀를 괴롭히는 과거의 죄로부터 스스로 벗어나려면 '손대지 않은 상태'를 유지하라고 경고했다. 선부 유전설의 각인이라는 개념은 개의 교배 세계에서는 아직도 남아있다. 순종 암컷이 한 번이라도 다른 품종의 수컷 새끼를 낳아 한번 '오염되면' 품평회에서 인정받는 순종 새끼를 낳을 수 없다고 생각한다.

16
지하실에서 젖는 향수[147]

지하에 비어있는 공간이 있다.

초기 종교는 지하가 비어있다고 생각했다. 그곳에서 각 종교의 여러 가지 가르침을 어긴 자가 '마지막으로 처벌을 받는 곳'이라고 믿었다. 고대 그리스인에게 이 비어있는 땅은 선한 사람, 악한 사람 누구나 마지막으로 가는 곳으로 하데스Hades[148]가 지배하는 지하 세계Underworld였다. 기독교인에게는 이곳은 지옥Hell이라고 부르는 장소이고, 지금도 마찬가지다.

🏔 과학이 관여하다.

신학이 지하 세계를 묘사한 것에서 영감을 받은 초기 과학은 이 학설을 마음에 새기고, 그 개념을 더 깊이 탐구했다. 지구 공동설을 믿는 사람은 지구 중심에도 태양이 있고, 사람이 생활하며, 북극, 남극 또는 티베트에 출입구가 있다고 생각했다. 지구 공동을 구성하는 정확한 세부 내용은 출처마다 다르다. 1692년 혜성 연구로 유명한 천문학자이자 지식인인 에드먼드 핼리Edmond Halley(1656~1742)는 지구의 비어있는 내부 공간에 3층의 내부 지각이 있다고 주장하였고 지구 공동설을 발전시켰다. 그는 각 층이 독립되어있고, 사람이 사는 구체는 인접한 구체와 대기로 나누어져 있다고 믿었다. 핼리는 지구 내부로 통하는 출입구가 북극과 남극에 있으며, 지구 내부에서 누출된 가스가 오로라Aurora[149]로 나타난다고 말했다. 그 당시 핼리의 가설은 상당히 인정받았다.

---

147 밥 딜런이 1965년에 발표한 노래 〈Subterranean Homesick Blues〉를 차용했다.
148 그리스 신화에 나오는 사람이 죽은 뒤에 심판을 받는 곳의 왕
149 주로 극지방에서 초고층 대기 중에 나타나는 발광(發光) 현상. 태양으로부터의 대전 입자가 극지 상공의 대기를 이온화하여 일어나는 현상

📢 뒤바뀐 온도

마크 트웨인은 '날씨가 필요하면 천국, 친구가 필요하면 지옥'이라고 말했지만, 성경에서 천국은 지옥보다 뜨겁다. 이사야 30장 26절에 '햇빛은 일곱 배로 밝아져, 이레 동안 비추는 빛을 한데 모은 것처럼 되리라.'라고 적혀 있다. 이것을 '슈테판–볼츠만의 법칙Stefan–Boltzmann's law'으로 가중치를 계산하면 섭씨 525도가 된다. 또한 성경에서 지옥은 곳곳에 유황 연못이 있다고 적혀있으므로 더 높은 온도에서는 유황이 기체로 변하기 때문에 온도는 섭씨 445도가 된다.

• 남극과 북극에 출입구를 가진 공동이 있는 지구 •

핼리가 고대의 지구 공동설을 진지하게 생각한 것은 1676년 남반구의 별자리를 관측하려고 아프리카의 세인트헬레나St. Helena섬으로 항해했을 때였다. 그는 며칠 동안 같은 곳에서도 나침반 표시가 변하는 느낌이 들었다. 지구의 내부에 한두 개의 회전하는 다른 구체가 있다는 생각을 제외하면 무엇이 이것을 설명할 수 있었을까? 물론 당시 핼리는 이 나침반 표시가 맞지 않는 것이 '정상'이라는 것을 알지 못했다. 사실 지구 자기장의 선들은 양극 사이를 직선으로 움직이지 않고 일련의 불규칙한 선으로 움직이는 것이다.

옛날의 얇은 바늘 나침반은 가장 가까운 선과 정렬되었고 완전히 우연이 아니고서는 진북True North[150]을 가리킬 수 없었다. 자기장 선은 지구 중심에서 회전하는 내핵Solid iron ball[151]때문에 발생하지만, 이것은 현재 불안하게 움직이고

---

150 지리상의 기준에 따른, 지구의 북쪽을 의미한다.
151 지구는 지각, 맨틀, 외핵, 내핵으로 구성되며, 외핵은 액체, 내핵은 고체이고 모두 철이 주성분인 것으로 추정된다.

있다. 그것은 우리 발아래에서 무슨 일이 벌어지고 있고, 지구가 극성을 바꾸려고 준비한다고 생각하는 사람도 있다. 이런 변화는 대략 25만 년마다 일어나며, 그런 대변동은 이미 오랫동안 견뎌왔다.

지구 깊숙한 곳에서 지구 자기장이 나온다는 생각은 핼리가 1692년 왕립협회에서 발표한 첫 번째 가설의 요점이었다. 지구 내부에 자기장을 가진 다른 구체가 다른 속도, 심지어 다른 방향으로 회전한다고 가정하면 나침반의 표시가 변하는 것을 설명할 수 있었다. 핼리는 왕립협회에 모인 회원들에게 자신의 가설은 신학의 시각과 일치한다고 말했다. 전지전능한 신이 세상을 '단순히 지표면을 지탱'하기 위해서가 아니라 '세상을 편안하고 안전하게 생물들이 사용할 수 있도록 가능한 한 크게 지표면을 창조'했다는 것이다. 어떤 회원이 해저 지진으로 지구의 표면에 균열이 생기면 바닷물이 그곳으로 빠져나가지 않느냐고 물었더니, 핼리는 아마도 두께가 5백 마일^{약 800킬로미터}인 외부의 구체에 '석화 작용을 하는 염분과 황산 입자' 때문에 분명히 저절로 막혔을 거라고 대답했다.

핼리는 그의 발표에서 '지구 내부의 오목한 아치 형태의 하늘은 태양 표면을 덮고 있는 물질로 몇 군데가 밝게 빛나고 있으며, 지하 세계에서 거주할 수 있는 공간이 있으므로, 나는 사람이 살고 있을 거라고 생각한다.'고 말하면서 마무리했다. 이후 마지막 발표 문구 때문에 지구 공동설은 완전히 새로운 주목을 받기 시작했다.

⚒ 지극히 헌신적인 지지자들

호기심을 자극하는 핼리의 발언에 흥미를 느낀 사람은 전부 말하지도 못할 만큼 너무 길다. 특히 유명한 사람 중에서 노르웨이 태생의 문필가이자 철학자인 루드비 홀베르Ludvig Holberg(1684~1754)는 핼리의 생각을 담은 소설 『닐스 클림의 지하 세계 여행The Journey of Niels Klim to the World Underground(1741)』을 썼다. 쥘 베른Jules Verne이 더 재미있는 『지저여행Journey to the Centre of the Earth(1863)』을 집필하기 한참 전에 쓴 원안으로, 홀베르의 판타지는 동굴에 떨어져서 지구 내부의 나라를 차례대로 탐험하는 어린 학생의 이야기이다. 이 흥미진진한 여행에서 새로운 나라를 탐험하고 지구 내부에 사는 이상한 생물들을 만난다.

18세기에 지구 공동설을 믿었던 사람 중에는 스코틀랜드의 수학자이자 물리학자인 존 레슬리 경Sir John Leslie(1776~1832)도 꼽을 수 있다. 그는 『자연 철학의 원리Elements of Natural Philosophy(1829)』에서 지구 공동설을 거의 여섯 쪽이나 작성하였다. 19세기에 선봉에 나선 사람은 미국인 존 클레비스 심스John Cleves Symmes(1779~1829), 제임스 맥브라이드James McBride(1788~1859), 제러마이아 레이놀즈Jeremiah Reynolds(1799~1858)가 있었다. 심스는 인맥이 풍부한 모험가, 맥브라이드는 마이애미대학교Miami University의 주요 인물, 레이놀즈는 존경받는 신문 편집가이자 모험가였다.

이 세 사람은 지구 공동설을 믿었던 존 퀸시 애덤스 대통령John Quincy Adams(1767~1848)과 협상하여 상상 속에 존재하는 지하 세계의 출입구를 찾는 남극 원정 비용을 국가가 지원해줄 것을 약속 받았다. 하지만 이 계획은 대통령이 냉정한 앤드류 잭슨Andrew Jackson(1767~1845)으로 바뀌고, 그 생각과 제안자를 대중의 관심 밖으로 던져버리면서 파기되었다.

레이놀즈는 좌절하지 않고 바로 민간 후원자나 투자가로부터 원정 자금을 모았고, 1929년 말 자신의 목표를 찾아 항해를 시작했다. 하지만 선원들은 그를 믿지 않았다. 지구 표면에서 큰 구멍을 찾는 이상한 사람의 지시에 지쳐서 선원들은 반란을 일으켰고 출항하기 전에 레이놀즈를 칠레 해안가에 내려놓고

가버렸다. 레이놀즈는 결국 1932년까지 발파라이소^{Valparaiso}[152]에서 어쩔 수 없이 기다리다가 미국 선박에게 극적으로 구조되었다.

⚒ 나치의 개입

수상한 과학을 절대 그냥 지나치지 못하는 사람, 아돌프 히틀러도 역시 지구 공동설을 지지하였다. 모든 신비한 것에 관심을 가진 극우 괴짜들의 모임인 툴레협회^{Thule Society}가 독일의 지원 단체로 가담하였다. 나중에 이 비밀스러운 협회에서 갑자기 나치^{Nazi}가 생겼다. 툴레협회는 아주 옛날에 사라진 지배 종족^{Master race}의 발상지라고 생각한 티베트에 지하 세계의 출입구가 있다고 믿었다. 히틀러와 추종자 대부분이 이것을 사실이라고 믿었다.

1938년 히틀러와 힘러^{Himmler}[153]는 티베트에 탐험대를 보내면서, 그곳에 존재할 것으로 믿었던 지배 종족의 인류학적 증거를 찾고, 그들이 있을지도 모르는 의심스러운 구멍을 조사하라고 지시했다. 탐험대는 상상 속 지하 도시 아갈타^{Agartha}, 이상향 샴발라^{Shambhala}[154](서양에 샹그릴라^{Shangri-La}[155]로 알려진)와 거기에 사는 우월한 존재의 이야기를 많이 들었다. 탐험대가 첫 번째 원정에서 빈손으로 돌아왔음에도 불구하고 히틀러는 지하 세계를 포기하지 않았다. 1943년 히틀러는 다른 지구 공동설을 탐험하기로 결정했다. 지구는 오목한 구이고, 모든 생물이 내부 표면에 살고 있다는 것이었다.

히틀러는 1942년 4월 발트해^{Baltic Sea}의 루겐^{Rügen} 섬에 하인즈 피셔^{Heinz Fischer} 박사가 지휘하는 원정대를 파견했고, 캠프에 고성능 망원경과 레이다를 설치했다. 그들은 지구 반대편의 연합군 활동을 감시하려고 바다 건너가 아니라 하늘에 장비를 겨냥하라고 지시받았다. 놀랄 일도 아니지만 원정대는 5월 말에 베를린에 빈손으로 돌아왔고, 독재자의 처벌이 두려웠다는 것은 의심의 여지가 없다.

---

152 칠레의 수도 산티아고에서 가까운 항구 도시
153 독일의 정치가(1900~1945). 나치스의 친위대장·게슈타포의 장관·내무 장관을 지냈으며, 유대인 학살의 최고 책임자로, 뒤에 연합군에게 붙잡히자 자살하였다.
154 티벳 불교에 전해지는 가공의 왕국
155 제임스 힐튼의 1933년 소설 〈잃어버린 지평선〉에 나오는 히말라야의 유토피아

예수는 살아있다.

툴레협회와 나치당은 모든 상징주의[155]와 신비주의[156]를 탐구했다. 히틀러도 그것을 믿었고 성배Holy Grail[157], 성약의 궤Ark of the Covenant[158]와 운명의 창Spear of Destiny을 찾으려고 부하들을 급파했다. 예수의 십자가형에 대한 요한의 기록에 따르면 운명의 창은 예수가 십자가에 매달려있을 때 죽음을 확인하려고 예수를 찌르는 데에 사용하였다고 전한다. 불행히도 요한복음Gospel of John은 서기 100년쯤에 쓰였고, 목격자의 진술로 사용할 수 없을 만큼 너무 늦었지만 요한복음의 저자는 오래된 의학 지식을 사용하면서 중요한 것을 놓쳤다.

고대 문명은 인체의 동맥에서 공기가 흐른다고 믿었다(그래서 a(i)rtery[159]이다.). 초기 해부학자가 사람이 죽으면 심장이 혈압을 만들지 못해서 혈액은 정맥으로 돌아간다는 사실을 모르고, 비어있는 동맥을 발견한 사실에 근거했다는 것이 확실하다. 요한복음 제19장 34절에는 창으로 찌르면 '피와 물이 흘러나왔다.'라고 쓰여있지만 유명한 TV 과학 수사 시리즈의 모든 시청자가 알다시피 아무리 많이 찔러도 시체에서 피가 흘러나오지 않는다. 그러므로 십자가에 못 박힌 예수의 죽음을 확인하는 이야기는 타당성을 입증하는 것과는 거리가 먼 것이다. 아니면 예수는 십자가형에서도 살아있었기 때문에 부활이 없었을 수도 있다.

다행히 나치 고위 지도자 라인하르트 하이드리히Reinhard Heydrich가 체코슬로바키아에서 암살되는 바람에 히틀러는 복수를 계획하는 데에 혈안이었다. 마음이 놓인 피셔는 히틀러에게 애매하게 보고한 후 몸을 숨겼고, 나치는 더 이상 지구의 비어있는 공간을 조사하지 않았다. 하지만 지구 공동설은 히틀러와 함께 사라지지 않았다.

물론 오늘날에도 지구 공동설을 믿는 단체가 셀 수 없이 많으며, 나사NASA[161]가 이끌었던 다양한 우주 계획의 성공은 인간 내면의 자아와 소통을 막으려고 위장한 것이라고 믿고 있다.

---

156 상징적인 방법에 의하여 어떤 정조나 감정 따위를 암시적으로 표현하려는 태도나 경향
157 우주를 움직이는 신비스러운 힘의 감지자인 신이나 존재의 궁극 원인과의 합일은 합리적 추론이나 정하여진 교리 및 의식의 실천을 통하여서는 이루어질 수 없고 초이성적 명상을 통하여서만 가능하다고 보는 종교나 사상
158 1989년작 〈인디아나 존스-최후의 성전(Indiana Jones And The Last Crusade)〉의 소재가 되었다.
159 1981년작 〈레이더스(Raiders Of The Lost Ark)〉의 소재가 되었다. 이 영화는 인디아나 존스의 첫 편이다.
160 '공기(air)'가 '들어있는(tery)'이라는 단어가 합쳐서 동맥(a(i)rtery)이 되었다.
161 1958년에 미국의 우주 개발 계획을 추진하기 위하여 설립된 정부 기관. 케이프커내버럴 우주 센터, 마셜 우주 비행 센터 등 여러 시설과 거대한 연구 개발 기관이 있으나 아폴로 계획 이후 그 규모가 축소되었다. 미국 항공 우주국(National Aeronautics and Space Administration)이라고 한다.

17

몸에 양극과
음극이 있나요?

외부 자기력으로 제어할 수 있는 생명 에너지를 동물은 가지
고 있다.

어떤 사람이 동물 자기력Animal magnetism을 가졌다면 성적 매력이 있거나 사람
을 휘어잡는 매력이 있다는 것을 의미하지만 이 표현의 원래 의미는 그런 뜻
이 아니다. 18세기에 처음 알려진 동물 자기력은 인간이나 동물은 외부 자기
력으로 제어할 수 있는 우주 에너지를 가지고 있다는 새로운 '과학'이었다. 이
어리석은 생각은 꽤 오랫동안 유명세를 떨쳤고, 최면Hypnotism 상태를 발견하
는 계기를 만들었다.

🐾 동물 자기력

오스트리아 태생의 학생 프란츠 안톤 메스머Franz Anton Mesmer(1734~1815)가 처
음으로 동물 자기력의 개념을 고안하였고, 어울리지 않는 이름을 가진 예수
회 천문학자 막시밀리안 헬 신부Maximilian Hell(1720~1792)가 지도하였다. 막시밀
리안 헬 신부는 우주뿐만 아니라 자기장 치료Magnetic therapy라는 수상한 분야
에도 관심이 많았다. 이것은 고대 동양 철학을 바탕으로 하는 중국의 '기氣'의
원리 가운데 하나이며, 몸속에 흐르는 '기'라는 어떤 생명 에너지가 막히면 병
이 생긴다는 의심스러운 생각이었다. 풍수에서 침술과 자기장 치료에 이르기
까지 다양한 방법을 사용하여 기의 흐름을 바꿈으로써 건강을 회복할 수 있
다고 믿었다.

침과 자석은 에너지 흐름을 정확한 경로로 되돌리는 몸속의 교통경찰과 같다고 생각했다. 하지만 헬 신부는 침을 놓을 시간이 없었다. 침술보다는 자석 치료가 열쇠를 쥐고 있다고 확신했다. 헬은 의학적 자석 이론을 강의하기 시작하였고, 그의 학생 메스머도 그의 어리석은 생각에 마음속 깊이 공감했다.

메스머는 영국 런던 블룸스버리Bloomsbury의 넓은 주거지역에 있는 국립 오몬드가 어린이병원Great Ormond Street Hospital for Sick Children을 설립한 '고아의 아버지'이자 왕립 의사인 리처드 미드Richard Mead(1673~1754)의 영향을 크게 받았다. 미드는 천문학에 관심이 많았고, 그의 가까운 친구 아이작 뉴턴이 만유인력Universal force of gravity을 발견하자, 미드는 지구에 행성 인력이 작용하는 것처럼 인간이나 동물 내부의 에너지 흐름에 비슷한 영향을 미친다고 추정하였다.

예를 들어, 달의 인력이 지구의 바다에 조수 간만의 차이를 만들어내지만 인체는 비슷한 영향을 받기에는 너무 작다는 것이었다. 하지만 메스머는 동물 자기력의 개념을 고안하려고 헬과 미드의 잘못된 가정을 사용하였다.

달의 영향

행성이 사람의 건강에 영향을 미친다는 생각은 그렇게 새로운 것도 아니다. 라틴어로 달 Luna(Moon)에서 유래한 '광기Lunatic'라는 단어는 보름달이 평소 정상적인 사람을 이상하게 만드는 것에서 유래했다. 가로등이 없던 시절에는 근거가 있었는지도 모른다. 보름달이 주는 공짜 빛을 이용하여 사람은 평소보다 더 오래 밖에 있을 수 있었고, 평소보다 술을 더 마실 수 있었다. 아니면 항상 그런 식으로 행동했는데 술 취하지 않은 사람들 눈에 잘 띄었던 것이다.

메스머는 독일 바이에른 출신Bavarian의 구마 사제 요한 가스너Johann Gassner(1727~1779)의 퇴마 의식을 관찰했다. 메스머는 환자의 빙의를 진정시키는 것은 사제가 괴로워하는 환자를 때리거나 치면서 사용한 금속 십자가에서 방출된 자기력 때문이라고 생각했다. 몸 안의 내부 자기력과 십자가의 외부 자기력 사이에 상호 작용이 있을 수 있다는 믿음에서 메스머는 동물 자기력의 개념을 고안하였다.

메스머는 모든 살아있는 생물의 몸에 액체처럼 흐르는 우주 에너지를 외부 자기력으로 제어할 수 있다고 확신했다. 메스머는 가설을 시험하기 위해 여러 가지 기괴한 치료법을 사용했는데, 그중 하나는 묽은 황산 용액을 채운 통에 환자를 앉히고, 쇠막대기를 쥐고 있는 동안 낮은 전압의 전류를 흘린 적도 있었다.

⚒ 메스머 요법

1775년 메스머는 자신이 원하는 방향으로 우주 에너지의 흐름을 조절하고 원하는 곳으로 움직일 수 있다고 확신하자 자석과 전기를 사용하지 않았다. 그당시 환자에게 메스머의 통Mesmeric cubicle 안에 앉으라고 시켰고, 환자는 우주 에너지가 집중된 '힘The Force'을 받는다고 생각했다.

메스머의 생각을 혼자만 믿은 것은 아니었다. 중요한 위치의 많은 의사들이 그의 방식을 따랐고, '메스머 요법Mesmerism'은 18세기 유럽 전역에서 유행하였다. 메스머를 변호하자면 그의 연구는 나중에 놀라운 발견으로 이어졌다. 불행하게도 그는 그 현상이 실제 무엇인지 알아내려고 어리석은 생각인 동물자기력에 너무 빠져버렸다.

메스머는 가짜 과학과 심리 치료를 결합한 치료법의 어마어마한 성공을 즐겼다. 하지만 그의 성공은 심기증Hypochondriacs, 히스테리 등 그의 암시를 받기 쉽도록 사람을 집중시키려는 노력의 결과일지도 모른다. 이런 환자 중 가장 유명한 사람은 재능 있는 피아니스트 마리아 테레사 폰 파라디스Maria Theresia von Paradis(1759~1824)였다. 그녀의 아버지는 오스트리아 왕실의 저명한 인물이었고, 여왕 마리아 테레사Maria Theresia의 측근이어서 딸의 이름을 마리아 테레사라고 지었다.

• 치료 중인 프란츠 안톤 메스머 •

당시 열여덟 살의 마리아 테레사는 네 살부터 '히스테리 시각상실Hysterical Blindness[162]에 시달렸고, 메스머의 치료로 시력이 좋아지는 것을 느꼈다. 하지만 그녀의 부모는 메스머가 치료 목적이 아닌 그의 유명한 메스머 혼수상태를 이용하여 마리아 테레사가 사랑에 빠지게 만들었다고 생각했다. 그녀의 부모는 다른 치료 방법이 없다고 생각했지만 중단할 수밖에 없었다. 마리아 테레사는 치료를 그만두자 다시 보이지 않았고 여생을 실명으로 살았다.

이 추문이 생길 징조는 메스머가 오스트리아 빈을 떠나 프랑스 파리로 쫓겨나기에 충분했고, 그는 파리에서 수입이 좋은 의료 행위를 계속하였다. 메스머는 자기력으로 혼수 또는 몽유가 발생한 환자의 증상을 기록하기 시작했다. 메스머는 스스로 깨닫지 못했지만, 그는 환자에게 최면을 걸었던 것이다.

🗿 소외당한 메스머

프랑스에서 메스머의 기세가 등등해지자 루이 16세Louis XVI는 과학적으로 입증해달라는 압력을 받았다. 루이 16세 자신도 메스머의 환자였지만 1784년

---

162 시각 기관의 기질적 이상이 없지만, 심리적 문제로 일어나는 시각 상실을 말한다.

마침내 조사 위원회를 허가하였다. 위원에는 통증 관리 전문가로 조제프 이냐스 기요틴Joseph Ignace Guillotin[163]박사도 선정되었는데, 그의 이름은 다가오는 프랑스 혁명French Revolution[164]으로 악명을 떨친다.

기요틴과 동료 위원들은 메스머 요법이나 치료가 어떤 효과도 없다는 것을 알아냈고, 메스머를 사기꾼이라고 비난했다. 위원회의 다른 유명 인사인 프랑스 공사로 파리에 주재하던 미국 건국의 아버지 벤자민 프랭클린Benjamin Franklin(1706~1790)도 동의하였지만 메스머가 병이나 치료에 미치는 심리 상태에 대한 생각을 분명히 가지고 있었다고 덧붙였다.

🐾 최면 요법

메스머가 점점 소외되면서 그의 프랑스 학생 중 한 명인 인도 서부 고아Goa주 출신의 인도-포르투갈 혼혈 수도사인 호세 파리아Jose Faria(1746~1819)가 이 의료 행위에 동양에서 사용하는 방법을 도입하였다. 그 결과는 계시와 같았다. 마침내 메스머 요법의 핵심은 동물 자기력이 아니라 최면 요법이라는 것을 깨달았다. 파리아는 '자기 치료사에게는 아무것도 나오지 않는다. 모든 것은 환

---

163 프랑스 혁명 때 사용한 단두대를 만들었다. 이 단두대도 '기요틴'이라고 부른다.
164 1789년부터 1799년까지 프랑스에서 일어난 시민 혁명. 부르봉 왕조를 무너뜨리고 프랑스의 사회, 정치, 사법, 종교적 구조를 크게 바꾸어 놓았다.

자의 상상 속에서 나오는 것이다. 그것은 환자의 마음속에서 일어난 자기 암시이다.'라고 발표했다.

파리아의 생각은 그 자신보다 더 오래 살아남았다. 그 방법은 영국 의사 제임스 브레이드James Braid(1795~1860)의 눈에 띄었고, 1841년 파리아가 수정한 메스머 요법을 자세히 연구하여 최초의 현대 임상 최면 요법이 탄생하였으며, 최면 요법Hypnotism은 그가 만들어낸 말이다.

이것이 메스머리즘 현상에 새로운 생명을 불어넣었고, 다른 동물 세계에 이 개념을 적용하려는 사람들이 나타났다. 이 방법은 북아프리카와 인도에서 뱀 묘기를 부리는 사람을 재조명하는 데에 사용되었다. 그것은 단지 길거리 속임수에 불과한 것일까, 아니면 곡예사와 잡힌 동물 사이에 무언가 더 정교한 일이 일어난 것일까? 바닥에 분필로 선을 긋고, 닭 부리 끝이 선을 향하도록 바닥에 내려놓으면 마치 최면에 걸린 것처럼 보였다.

이런 것을 믿고 싶어 하는 사람은 실망하겠지만 동물은 절대 최면에 걸릴 수 없다. 뱀 묘기는 단지 눈속임에 불과하다. 곡예사가 부는 피리 소리는 뱀의 가청 범위를 벗어나기 때문에 이 곡예에 피리는 전혀 필요 없다(뱀이 소리를 듣지 못한다는 이야기도 거짓말이다. 뱀은 바깥귀가 없지만, 땅에서 진동을 감지하는 속귀를 가지고 있다.). 뱀 묘기의 핵심은 곡예사가 땅을 발로 차는 것과 피리를 움직이는 방법이다.

코브라가 공격할 수 있는 거리는 코브라 몸길이의 약 3분의 2 정도이며, 코브라는 움직임에 민감한 눈을 가졌다. 뱀 묘기 곡예사로 오랫동안 일하기 위한 열쇠는 뱀이 공격할 수 없는 거리에 있으면서 동시에 뱀이 흥미를 잃고 바구니 안으로 들어가지 않도록 너무 멀지 않아야 한다는 것이다. 뱀은 마치 최면에 걸린 것처럼 피리의 움직임을 따라 좌우로 움직이지만 사실 뱀은 곡예사를 공격할 기회를 엿보는 것이다.

반면에, 닭은 포식자의 손아귀에 있는 것처럼 끔찍한 두려움에 대한 반응으로 몸이 움직이지 않는 상태인 가사Thanatosis 상태에 빠지는 것이다. 분필로 주의깊게 그린 선은 전혀 필요 없는 단순한 연출일 뿐이다.

· 최면에 빠지는 닭 ·

🐾 메스머의 유산은 지금도 살아있다.

마침내 메스머리즘은 사라졌지만, 그 후계자인 최면 요법은 더 큰 것을 얻으려고 계속되었고, 사기꾼의 자기 치료는 아직 끝나지 않았다. 지금도 여전히 혈액 순환을 개선하고, 손목과 손의 통증이 사라진다는 속임수로 자석 팔찌를 판매하는 수백만 달러의 산업이 존재한다. '영국 자석 팔찌'라고 인터넷을 검색하면 2백만 개 이상의 웹사이트가 나오고, '미국 자석 팔찌'라고 검색하면 거의 8백만 개의 웹사이트가 나온다.

모든 동물의 몸에 우주 에너지가 흐른다는 메스머의 맨 처음 생각도 완전히 없어진 건 아니다. 오스트리아 태생의 정신과 의사이자 정신 분석가인 윌리엄 라이히William Reich(1897~1957)의 '오르곤Orgone'이라는 우주 에너지가 열쇠를 쥐고 있다. 어떤 사람들은 에드워드 불워-리턴Edward Bulwer-Lytton의 1871년 소설『미래 종족The Coming Race』에서 처음 소개된 생명을 주거나 빼앗을 수 있는 강력한 힘인 '브릴Vril'을 믿었거나 아직도 믿고 있다. 어떤 사람은 실제 존재하는 힘을 소설에 사용한 것으로 착각하였다. 또한 메스머의 생각은 〈스타워즈Star Wars〉시리즈에서 '포스The Force' 내용의 바탕이 되었다. 여기서 '포스'는 그

존재를 인정하고, 그것을 다룰 수 있는 사람과 항상 함께 한다.

지그문트 프로이트의 가까운 친구이자 이른바 빈학파Vienna Circle의 회원인 라이히는 프로이트의 '리비도Libido'[165]에 사로잡혔다. 라이히의 리비도는 우주의 힘이었고, 오르곤Orgone('오르가슴Orgasm'과 '오존Ozone'의 합성어)이라고 부르기로 결정했다. 라이히는 영원한 우주 오르가슴을 느낄 수 있다는 구실로 메스머의 통을 크게 만든 오르곤 축적기를 제작했고, 인간 기니피그를 안에 넣고 우주의 성적 에너지를 빠르게 퍼붓는다고 주장했다. 라이히의 축적기는 본질적으로 외부는 나무로 절연하고, 내부는 얇은 강판을 붙인 '패러데이의 새장Faraday cage'이었다(영국 과학자 마이클 패러데이Michael Faraday가 1836년에 외부 전기장을 차단하기 위해 발명하였다.). 그는 오르곤 축적기에 집중된 오르곤 에너지가 오르곤 불균형으로 생긴 질병을 치료할 수 있다고 믿었다.

라이히는 자신을 믿는 사람 중에서 참가자를 선택했고, 그들은 실험 후 기운이 난다고 말했다. 흥미롭게도 라이히는 유명 인사를 그의 진영에 끌어들였다. 알베르트 아인슈타인Albert Einstein(1879~1955)조차 거기에 뭔가 있을지도 모른다고 생각했다. 1941년 1월 프린스턴대학교Princeton University에서 두 사람은 5시간 동안 만났고, 아인슈타인은 라이히의 실험에서 열원이 없는데도 축적기 중 하나에서 온도가 올라가는 것이 발견되면 '물리학의 기본 법칙'[166]이 깨진다고 말했다.

라이히는 아인슈타인이 온도를 관찰할 수 있도록 오르곤 축적기를 가지고 프린스턴으로 돌아왔다. 아인슈타인은 정말로 그것을 관찰했다. 아인슈타인의 실험에서 축적기의 내부 온도가 눈에 띄게 상승하는 것을 관찰하였다. 하지만 온도가 올라간 것은 상자의 뚜껑뿐이었고, 온도 변화는 '우주'가 영향을 준 것이 아니라 방 자체의 '대류 열전달'이 영향을 준 것이었다.

---

165 사람이 기본적으로 갖고 있는 성욕이나 성적 충동, 또는 정신적 에너지나 성적 에너지
166 에너지 보존 법칙: 에너지의 형태가 바뀌는 경우, 외부의 영향을 완전히 차단하면 물리적, 화학적 변화가 일어나도 그 변화에 관계없이 전체의 에너지양은 항상 일정하며, 무(無)에서 에너지를 창조할 수 없다는 물리학의 근본 원리. 1840년에 헬름홀츠가 세웠다.

축적기는 완전히 밀폐되지 않았다. 이 상자가 축적한 것은 외부의 따뜻한 공기뿐이었다. 1954년 미국 식품의약국US Food and Drug Administration, FDA은 라이히에게 법적 제재로 축적기 판매와 운반을 금지했다. 하지만 당시 라이히는 과대망상으로 정신병적인 편집증이었고, FDA의 명령을 무시했다. 그는 불명예스러운 모습으로 보호 시설에서 생애를 마쳤다. 라이히의 축적기는 여전히 인터넷에서 5천 달러 정도에 구매할 수 있다. 까다로운 사람은 강철로 된 관 같은 물건치고는 너무 비싸다고 할지 모른다. 하지만 아직도 많은 사람이 우주와 하나가 되려고 그 정도의 돈은 아무렇지도 않게 써버린다.

⛩ 다음 세대

불워-리턴의 '브릴'은 아마도 메스머리즘의 가장 나쁜 파생물일 것이다. 『미래 종족』은 지구 공동설(122페이지 〈지하에서 젖는 향수〉 참고)과 메스머리즘의 우주 에너지를 섞은 공상 과학 소설이다. 불워-리턴에게 브릴은 지하 세계에 사는 우월 종족의 몸속에 마법의 액체처럼 흐르고, 그들은 지상 세계를 빼앗으려는 시기를 엿보고 있다. 이 소설은 '보빈Bovine[167]'과 '브릴Vril'을 합성한 보브릴Bovril이라는 상품이 탄생할 정도로 전 세계에서 인기가 높았다.

『미래 종족』은 독일에서 대인기였는데, 특히 1900년대 초 등장한 툴레협회에게 인기가 높았다. 툴레협회는 특히 이 소설이 허구를 가장한 사실이라고 생각했다. 회원들은 지구는 비어있고, 그 속에 전설의 아리아인[168]이 거주하며, 세계를 정복하려고 지상으로 올라올 시기를 엿보고 있다고 믿었다.

툴레협회 회원들로부터 나치가 생겨났다(126페이지 〈지하실에서 젖는 향수〉에서 '나치의 개입' 참고). 히틀러는 힘러의 권유로 1935년 지하 세계에 사는 우월 종족의 존재를 증명하기 위해 '독일 초 자연사 및 게르만 조상 유산 연구협회The Study Society for Spiritual History and German Ancestral Heritage'를 설립했다.

---

167 쇠고기
168 인도·유럽 어족에 속하는 인종을 통틀어 이르는 말. 본디는 기원전 1500년 무렵에 중앙아시아로부터 인도나 이란에 이주한 고대 민족으로, 언어를 포함한 문화상의 공통성으로 보아 이들이 서쪽으로 간 것이 그리스인, 로마인, 게르만인, 슬라브인, 켈트인이 된 것으로 추정된다.

* 북반구와 남반구의 배수구는 서로 다른 방향의 나선형으로 내려가지 않는다.
* 금붕어는 기억력이 좋아서 한두 가지 재주를 가르칠 수 있다!
* 블랙홀Black Holes은 주변의 물질을 흡수하지 않는다.
* 전기는 실제 음극에서 양극으로 흐른다.
* 빅뱅 이론Big Bang Theory은 우주의 기원Inception을 설명하는 것이 아니라 우주의 초기 진화Evolution를 설명하는 것이다.

그들의 임무는 지하 세계의 종족이 지상 세계를 빼앗으려고 올라올 때 만나서 지상에 '동맹국'이 있다고 전달하는 것이었다.

나치 친위대원 중 사냥의 달인인 에른스트 시퍼Ernst Schäfer(1910~1992)가 대장을 맡고, 역시 친위대원인 브루노 베르거Bruno Berger(1911~2009)가 부대장을 맡았던 악명 높은 1938년 독일 티베트 탐험대는 밀명을 띠고 티베트에 파견되었다. 탐험대의 공식 목표는 그 지역의 지리와 문화를 조사하는 것이었지만 베르거와 친위대원은 티베트 사람의 머리 크기를 측정하고, 그것으로 골상학용 석고 모형을 만드는 것 이외의 일은 거의 하지 않았다.

동물 자기력의 마지막 주제는 1935년에 독일을 떠난 저명한 로켓 과학자 윌리 레이Willy Ley(1906~1969)에게 주도록 하겠다. 1947년 레이는 〈나치의 가짜 과학Pseudoscience in Naziland〉이라는 글을 썼는데, 이 글에서 불워-리튼의 소설 『미래 종족』의 내용을 바탕으로 설립된 툴레협회와 하부 조직을 언급했다.

레이는 '다음 단체는 말 그대로 소설을 근거로 설립했다.'라고 썼다. '진실의 협회Society for Truth'라고 불렸던 이 단체는 주로 베를린 주민으로 이루어졌고, 시간만 생기면 브릴을 찾아다녔다.' 실제 유럽이나 북미에는 아직도 브릴을 찾는 단체가 존재한다. 아마도 누군가 나서서 그것은 모두 꾸며낸 이야기라고 말해 줘야 멈출 것 같다.

18
유동 자산

몸은 네 개의 체액으로 이루어졌다.

• 이 조각은 16세기에 만들어진 것으로 4체액의 균형을 보여준다. •

고대 그리스 시대부터 19세기 중후반까지 인체는 네 가지 주요 체액으로 구성되었다는 '4체액설Humour theory'을 널리 받아들였다. 인체는 혈액Blood, 점액Phlegm, 황담즙Yellow bile, 흑담즙Black bile으로 이루어지며, 네 가지 체액이 불균형하면 모든 병과 정신적인 문제를 일으킨다고 생각하였다. 점액Phlegm이 너무 많으면 냉정Phlegmatic해지고, 혈액Sanguis이 너무 많으면 열정Sanguine이 생기고, 황담즙Chole이 너무 많으면 콜레라Cholera가 생기고, 흑담즙Melanchole이 너무 많으면 우울Melanchole해진다. 이 네 가지 기본 개념은 19세기에 의학이 과학을 바탕으로 바뀔 때까지 건강과 질병에 대한 포괄적인 틀을 만들어서 의사에게 제공하였다.

⚗️ 의학, 화장품, 요리의 주춧돌

4체액설의 기초는 히포크라테스 의학이 자리 잡고 있다. 고대 그리스 의학자 히포크라테스Hippocrates(기원전 460년쯤~370년쯤)가 시작하고, 이후 200년 동안 알려지지 않은 많은 사람이 작성한 『히포크라테스 전집Hippocratic Corpus』은 내외과 의사이며, 그리스 의학의 중요한 인물인 갈레노스Galenos(기원후 129~210년쯤)가 서양에 소개하였다. 이 학설은 네 개의 체액을 인체 일부와 같은 것으로 간주하고, 4원소Four elements[169] 중 하나와 연결된다는 것이다. 점액은 뇌Brain와 물Water, 혈액은 심장Heart과 공기Air, 흑담즙은 비장Spleen과 흙The earth, 황담즙은 간장Liver과 불Fire로 이어진다. 네 가지 체액의 속성은 열Heat, 냉Cold, 건Dryness, 습Moistness의 네 가지 성질이 있다고 설명하였다.

히포크라테스는 모든 인체가 연결되어있다고 생각했다. 게다가 고대 그리스인은 인체 해부를 싫어했으며 인체를 거의 알지 못했다. 그래서 환자의 상태 검사를 선호했고, 질병의 징후를 발견할 수 있는지 확인하였다. 의사는 '안색Complexion'이라고 표현하는 개개인의 얼굴을 보고 네 가지 체액의 복잡한 균형 상태를 알 수 있다고 믿었다. 모든 남성과 여성들은 육체적, 정신적 성향이 잘 나타나는 얼굴을 세상에 보여주고 싶었기 때문에 4체액설이 화장품 산업의 발전을 이끌었다고 볼 수 있다. 또, 이 학설은 음식이 몸을 만든다는 것으로 확장하였다. 체액에 미치는 영향에 따라 음식을 분류했으며, 이것은 중세 유럽에서 다양한 조리법을 만드는 데 지대한 영향을 끼쳤다(아래 상자 참고).

음식, 거룩한 음식

중세 유럽의 각각 다른 나라들은 각 음식이 어떻게 사람의 체액 균형에 영향을 미치는지 약간 다른 견해를 가지고 있었다. 붉은 고기는 피를 끓게 한다고 생각했지만, 꿀로 요리하면 영향이 줄어든다고 생각했다. 담즙의 불균형은 요리사가 음식에 사프란을 뿌려서 해결할 수 있다고 생각했다. 4체액설이 중세의 부엌을 침입했을 뿐만 아니라, 요리사가 상당한 보수와 존경을 받으며, 의사와 같은 위치를 차지했다.

---

169 4원소설: 물, 불, 흙, 공기가 만물을 구성하는 네 가지 기본 요소라고 주장하는 학설로, 고대 그리스의 철학자인 엠페도클레스, 아리스토텔레스 등이 주장하였다.

🩸 혈액이 너무 많다.

4체액설을 믿는 사람은 병은 저절로 나을 거라고 믿었다. 그래서 인체의 자연 치유력을 높이는 치료 계획을 세웠다. 사혈Bloodletting은 열을 내리고 과도한 피를 뽑으려고 19세기 중반까지 계속되었다. 사혈은 인기가 높았고, 환자의 상태에 상관없이 의사가 끊임없이 피를 뽑아서 죽음에 이르는 사람이 끊이지 않았다. 미국 대통령 조지 워싱턴George Washington(1731~1799), 영국 시인 바이런 경Lord Byron(1788~1824), 스코틀랜드의 시인이며 극작가인 월터 스콧 경Sir Walter Scott(1771~1832)은 모두 병을 고치려는 의사 때문에 출혈사하였다.

• 피가 많을 것이다.(1804년 석판화) •

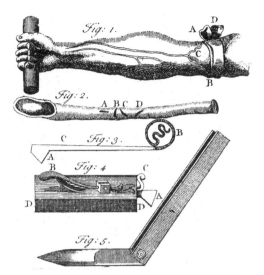

• 1759년 판 〈일반 수술 장비〉의 사혈에 사용한 도구와 기술 •

사람의 기분을 전환하기 위한 사혈은 인기가 높았고, 이발사도 환자가 1파인트 568cc나 2파인트1136cc의 피를 뽑는 것에 도움을 줄 수 있었다. 14세기에는 이발사와 외과의 명예 회사Worshipful Company of Barbers and Surgeons가 설립되어 정식으로 이발사가 성직자의 조수를 맡을 수 있었다. 당시 성직자가 공식적인 의사였지만 교황령으로 성직자는 사혈할 수 없었다. 이 회사는 1745년에 따로 외과의 회사Company of Surgeons를 설립하려고 결국 해체했다. 하지만 그 흔적은 현대의 이발소 표시에서 여전히 볼 수 있다. 황동 뚜껑은 피를 받는 통이고, 붉은색과 흰색 줄무늬는 붕대를 감은 상처에서 피가 배어 나오는 모습이다.

언어에서 보이는 흔적

4체액설을 믿는 사람은 심장Heart이 아닌 간Liver을 '용기'의 근원으로 생각했다.[169]
심장은 '학습'의 근원으로 생각했기 때문에 '어떤 것을 마음에 새기다Learn something off by heart'라는 말이 생겨났다. 간은 황담즙이 많은 장기로 긴장하면 간에서 황담즙이 없어지므로 소심한 사람을 '릴리 꽃 간Lily livered'이나 '노란색 복부Yellow bellied'라고 불렀다.

---

170   국어에서도 용기와 관련된 '간담이 서늘하다.' 나 '간담이 떨어지다.' 라는 표현이 실재한다.

🏛 심리학의 주춧돌

히포크라테스 의학은 사람의 감정에 영향을 미치는 '뇌'의 역할에 주목했다. 고대 그리스는 '심장'이 사람의 정신 기능을 담당한다고 믿었기 때문에 낯선 학설이었다. 4체액설을 믿는 사람은 정신 건강이 체액의 균형으로 정해진다고 생각했으며, 이 생각은 현대 심리학Psychology의 기초가 되었다. '완화Temper'는 무엇을 합치거나 섞는다는 의미로, 체액이 균형을 이룰 때 좋은 '기질Temperament'이 생긴다고 믿었다. 초기 심리학자는 4체액의 양이 네 가지 주요 기질을 결정한다고 생각했다. 다혈질Sanguine은 충동적, 외향적이라고 믿었으며, 거만하고, 가까운 사람을 다치게 할 때 즐거움을 느낀다고 생각했다. 담즙질Choleric은 정치 세계에 필요한 남의 반대를 두려워하지 않고 만사를 자기 뜻대로 하고 싶어 하는 사람이라고 생각했다. 점액질Phlegmatic은 유능한 추종자를 만드는 수동적인 적극성을 가졌다고 믿었다. 우울질Melancholic은 설명할 필요도 없을 것이다. 이런 생각은 매우 포괄적이지만 산만하거나 우울한 사람의 마음속에서 무슨 일이 일어나는지에 대한 '과학적 이해'의 시작이었다.

• 얼굴 모양이 모든 것을 말한다. 4체액설의 얼굴 점액질, 다혈질, 우울질, 담즙질(시계방향으로) •

동종 요법Homeopathy도 4체액설에 뿌리를 두고 있다. 독일 태생 의사 크리스티안 사무엘 프리드리히 하네만Christian Samuel Friedrich Hahnemann(1755~1843)은 당시 유행하던 사혈이나 거머리 흡혈, 흡입 등 품위 없고 위험한 의료 행위가 괴로워서 대안을 연구하였다. 하네만은 '인체의 체액을 뽑지 않고 더 세밀한 방법으로 체액 균형을 조정하면 좋지 않을까?'라고 생각했다. 그 생각을 바탕으로 『동종 요법 의학의 고찰The Organon of Homeopathic Medicine(1810)』이라는 책을 썼다.

하네만은 틀림없이 일반의[171] 에드워드 제너Edward Jenner(1749~1823)가 발견한 예방 접종에 영향을 받았고, 비슷한 것으로 비슷한 것을 고친다는 개념에 집중했다. 그는 건강 상태에 따라 병을 유발하는 '물질'을 많이 희석해서 투여하는 것으로 치료해야 한다고 제안했다. 그 이유는 '물질'의 양이 너무 많으면 환자가 원래 앓던 병과 같은 증상이 나타나기 때문이었다. 흥미롭게도 그리스어 '호메오Homeo'는 '동일한The Same'을 의미하며, '파토스Pathos'는 '고통Suffering'을 의미한다. 유감스럽게도 하네만은 그의 생각이 너무 지나쳐서, 의사가 흔들면 '무형의 영적인 힘'이 방출되는 마법 같은 희석제를 말하기 시작했다. 그는 희석 용액이 든 병을 손목에 한 번 부딪치면 치료약의 희석은 두 배가 되고, 농도는 다시 반이 되므로 치유력이 높아진다고 믿었다.

희석되면 될수록 치유력이 높아진다는 하네만의 다소 비논리적인 생각 이외에도 동종 요법은 물이 한번 무언가와 접촉하면 그것을 기억하려는 성질이 있다고 믿었다. 그래서 병을 유발하는 '물질'이 완전히 없어질 때까지 처음 희석한 물질이 가장 강력하다고 믿었다. 현대의 동종 요법에 종사하는 많은 사람이 여전히 사실이라고 믿지만 잘못 생각했기를 바란다. 그렇지 않으면 몇 세기 동안 온갖 화학 물질이나 배설물에 노출된 지구의 모든 물은 전대미문의 유독 물질이 되었을 것이다. 하네만의 학설에서 어떤 것은 이해하기 어렵지만, 환자가 혈액이 가장 필요할 때 피를 뽑지 않아서 살아난 사람이 있다는 것은 기억할 가치가 있다.

---

171 당시 의료계의 교육 방식이 지금과 달라서 외과의사 밑에서 도제로 일해서 의학을 배웠다.

나는 하네만의 희석 법칙을 위스키로 실험하였다. 나는 가슴에 손을 얹고, 물 1파인트^{568cc}에 위스키를 한 방울 섞어서 마신다고 일어나지도 못할 만큼 취해버릴 거라고 생각하지 않는다. 이것이 훨씬 더 효율적인 실험이다.

※참고문헌

50 Great Myths of Popular Psychology by Scott O. Lilienfield, Jay Lynn, John Ruscio and Barry L. Beyerstein (Wiley-Blackwell, 2010)

Bad Astronomy by Philip C. Plait (John Wiley & Sons, 2002)

Bad Medicine by Christopher Wanjek (John Wiley & Sons, 2002)

Bad Science by Ben Goldacre (Harper Perennial, 2009)

Boffinology by Justin Pollard (John Murray Publishers, 2010)

Elephants on Acid and Other Bizarre Experiments by Alex Boese (Pan Books, 2009)

Eureka! by Adrian Berry (Harrap Books, 1989)

The Greatest Benefit to Mankind by Roy Porter (HarperCollins, 1997)

The History of Medicine: A Very Short Introduction by William Bynum (OUP, 2008)

The Mad Science Book by Reto U. Schneider (Quercus, 2008)

The Skeptic's Dictionary by Robert Todd Carroll (John Wiley & Sons, 2003)

Trick or Treatment? by Simon Singh and Edzard Ernst (Corgi Books, 2009)

Science and the Practice of Medicine in the Nineteenth Century by William F. Bynum (CUP, 1994)

Science Was Wrong by Stanton T. Friedman and Kathleen Marden (Career Press, 2010)

Picture Acknowledgements

Pages 27, 31 www.karenswhimsy.com/public-domain-images; 50 Mary Evans Picture Library/ Interfoto Agentur; 51 © Science Museum/Science & Society Picture Library (all rights reserved); 59 Library of Congress (LC-DIG-ppmsca-27955); 65 © The Art Archive/Alamy; 78, 115 www. clipart.com; 81 Walter Daran/Time & Life Pictures/Getty Images; 88, 138 Mary Evans Picture Library; 104 Courtesy of Institute for Nearly Genius Research, www.bonkersinstitute.org; 110 Interfoto/ Sammlung Rauch/Mary Evans Picture Library; 114 Miles Kelly/fotoLibra; 140 Roberto Castillo/www.shutterstock.com: 144 lynea/www.shutterstock.com

번역을 마치면서

우연한 기회로 번역을 처음으로 시작하였고 이제야 탈고의 시간이 왔다. 공학자로 살아오면서 논문, 보고서 등의 글을 써왔지만 그리 양이 많지 않은 한 권의 책을 번역하면서 느낀 점은 참으로 셀 수 없이 많았다. 그동안 수많은 책을 읽어오면서 비판하고 불평하고 비아냥거렸던 세월이 부끄러웠다.

먼저 우연히 인연이 닿았지만 『지구가 평평했을 때』란 책은 정말 좋은 책이었다. 우주로 비행체를 쏘아 올리고, 무인자동차가 다니고, 인공지능과 대화를 하는 세상에 살고 있지만 수백 년 동안 믿었거나 믿고 있는 '우리가 잘못 알고 있는 과학의 모든 것'들이 관성을 가지고 우리 삶 속에 파고들었는지 깨닫는 계기가 되었다. 정말 신기한 것은 이 책을 번역하는 시간 속에서도 술 한잔하면서 나눈 대화에 잘못 알고 있는 과학 이야기가 여러 번 나왔다는 사실이다. 그동안 얼마나 가짜 과학 이야기들을 진실로 받아들이면서 대화를 나눴던 것일까? 본문 중에서 '확실한 증거를 모두 확인하였고 명확해졌을 때, 그 배의 선장이 할 수 있는 유일한 행동이 말한 사람을 죽이는 것뿐이라는 것은 너무 이상하게 느껴진다.'라는 말이 마음에 와닿는다. 가짜 뉴스가 넘쳐나는 시대를 살면서 밝혀진 진실은 묻히지 않고 그저 사실로 받아들여지기를 바랄 뿐이다.

더불어 번역서는 그저 외국어를 한국어로 옮기는 작업이라고 생각했던 것은 큰 착각이었다. 누군가 창작해놓은 문헌을 번역하는 작업도 또 하나의 '창작'이라는 사실을 직접 작업해보고 나서야 깨달았다. 원서에 쓰인 단어만으로 작가가 전달하려는 숨겨진 의미를 잘 표현하는 문장을 만들어내는 것은 여간 힘든 일이 아니었다. 더구나 같은 영어일지라도 영국 영어와 미국 영어의 차이가 이렇게 심할 줄은 상상도 못 했다. 생전 처음 듣는 단어가 셀 수 없이 많았다.

마지막으로 번역서를 만들면서 우리말의 아름다움을 새삼 느낀 것도 사실이다. 우리말을 제대로 활용하면 외국으로부터 들여온 수학, 과학을 비롯한 현대의 지식을 아주 쉽게 이해시킬 수 있을 것처럼 느껴졌다. 영어, 한자, 일본어 등 다양한 나라의 언어가 혼재된 사회에서 글을 쓰는 사람들이 조금 더 노력하면 우리나라의 미래를 이끌어 갈 친구들에게 좀 더 편하고 즐거운 학습 문화를 만들어 갈 수 있을 거라고 확신한다.

나만의 세상에 갇히지 않도록 도와준 아이들과 좋은 책을 기획한 영진닷컴, 편집자와 디자이너에게 감사의 말을 전한다.

한혁섭

지구가 평평했을 때

1판 1쇄 발행 2019년 2월 25일

저   자 | 그레이엄 도널드
역   자 | 한혁섭
발 행 인 | 김길수
발 행 처 | (주)영진닷컴
주   소 | (우)08505 서울 금천구 가산디지털2로 123
          월드메르디앙벤처센터 2차 10층 1016호
등   록 | 2007. 4. 27. 제16-4189

©2019. (주)영진닷컴

ISBN | 978-89-314-5970-8

이 책에 실린 내용의 무단 전재 및 무단 복제를 금합니다.
파본이나 잘못된 도서는 구입하신 곳에서 교환해 드립니다.